Ahmad Odaymet

Condensation Dans Un Microcanal En Silicium

Ahmad Odaymet

Condensation Dans Un Microcanal En Silicium

Etude Du Transfert Thermique Local Et Identification Des Structures D'écoulement

Presses Académiques Francophones

Impressum / Mentions légales
Bibliografische Information der Deutschen Nationalbibliothek: Die Deutsche Nationalbibliothek verzeichnet diese Publikation in der Deutschen Nationalbibliografie; detaillierte bibliografische Daten sind im Internet über http://dnb.d-nb.de abrufbar.
Alle in diesem Buch genannten Marken und Produktnamen unterliegen warenzeichen-, marken- oder patentrechtlichem Schutz bzw. sind Warenzeichen oder eingetragene Warenzeichen der jeweiligen Inhaber. Die Wiedergabe von Marken, Produktnamen, Gebrauchsnamen, Handelsnamen, Warenbezeichnungen u.s.w. in diesem Werk berechtigt auch ohne besondere Kennzeichnung nicht zu der Annahme, dass solche Namen im Sinne der Warenzeichen- und Markenschutzgesetzgebung als frei zu betrachten wären und daher von jedermann benutzt werden dürften.

Information bibliographique publiée par la Deutsche Nationalbibliothek: La Deutsche Nationalbibliothek inscrit cette publication à la Deutsche Nationalbibliografie; des données bibliographiques détaillées sont disponibles sur internet à l'adresse http://dnb.d-nb.de.
Toutes marques et noms de produits mentionnés dans ce livre demeurent sous la protection des marques, des marques déposées et des brevets, et sont des marques ou des marques déposées de leurs détenteurs respectifs. L'utilisation des marques, noms de produits, noms communs, noms commerciaux, descriptions de produits, etc, même sans qu'ils soient mentionnés de façon particulière dans ce livre ne signifie en aucune façon que ces noms peuvent être utilisés sans restriction à l'égard de la législation pour la protection des marques et des marques déposées et pourraient donc être utilisés par quiconque.

Coverbild / Photo de couverture: www.ingimage.com

Verlag / Editeur:
Presses Académiques Francophones
ist ein Imprint der / est une marque déposée de
AV Akademikerverlag GmbH & Co. KG
Heinrich-Böcking-Str. 6-8, 66121 Saarbrücken, Deutschland / Allemagne
Email: info@presses-academiques.com

Herstellung: siehe letzte Seite /
Impression: voir la dernière page
ISBN: 978-3-8381-7146-3

N° d'ordre : 148   Année 2010

THESE

Présentée à

l'Institut FEMTO-ST, département MN2S

pour obtenir le grade de

DOCTEUR DE L'UNIVERSITE DE TECHNOLOGIE DE BELFORT-MONTBELIARD

École Doctorale : Sciences Physiques pour l'Ingénieur et Microtechniques

Spécialité : Énergétique

Par

M. Ahmad ODAYMET

ETUDE DU TRANSFERT THERMIQUE LOCAL ET IDENTIFICATION DES STRUCTURES D'ECOULEMENT LORS DE LA CONDENSATION DANS UN MICROCANAL EN SILICIUM.

Soutenue le 14 décembre 2010 devant la commission d'examen composée de :

M. Riad BENELMIR, Université Henri POINCARE, Nancy — Rapporteur.

M. Benoit STUTZ, Université de Savoie, Polytech' Annecy Chambery — Rapporteur.

M. Tahar LOULOU, Université de Bretagne sud, Lorient — Examinateur.

M. Philippe NARDIN, Université de Franche Comté, Besançon — Examinateur.

Mme Hasna LOUAHLIA-GUALOUS, UTBM, Belfort — Directeur de thèse.

Je dédie ce travail à mes parents, à mes sœurs et frères et à ma femme.

« Quand on veut on peut ».

Remerciements

J'ai conscience de la chance que j'ai d'avoir pu effectuer un doctorat en touchant le domaine de la microtechnologie, de la microfluidique diphasique, de la microthermie et surtout de la mesure locale par la thermique et par visualisation d'images rapides.

Je tiens à remercier ma responsable **Hasna Louahlia-Gualous** qui m'a soutenu pour effectuer ma thèse. Elle m'a beaucoup apporté d'un point de vue scientifique et a toujours privilégié les choix qu'elle considérait comme bénéfiques pour ma carrière et ma formation de chercheur.

Je remercie les membres de jury d'avoir évalué mon travail et assister à ma soutenance. Merci aux rapporteurs, les Professeurs **Riad Benelmir** et **Benoît Stutz** d'avoir accepté la charge de lire et juger mon manuscrit. Merci également au Professeur **Tahar Loulou**, le président du jury, et au Professeur **Philippe Nardin** d'avoir accepté d'examiner mon travail de thèse.

Pour ma famille et en premier lieu, mes parents qui ont toujours cru en moi. Je tiens à remercier fortement **mon père** qui m'a supporté financièrement et qui priait pour ma réussite. Je tiens aussi à remercier **ma mère** qui m'a supporté moralement, qui me motivait pour ne pas baisser les bras et qui priait souvent pour moi pour finir avec succès ma thèse. C'est grâce à vous si aujourd'hui j'en suis arrivé là. Je remercie évidemment mes trois sœurs **Joumana**, **Mirna** et **Zeina** et mon frère **Salah** pour avoir toujours cru en moi et qui m'appelaient souvent pour savoir où j'en étais. Je salut aussi mon adorable petit frère **Bassam** dont j'espère toujours rester son idole comme il me l'a toujours fait comprendre. Je remercie aussi mes beaux-frères et tout particulièrement **Rachid Fawal** pour tous ses conseils et pour tous les instants qu'il m'a accordés quand j'avais besoin de lui.

Enfin, un grand MERCI à **mon amour et mon adorable femme Ghina** qui a su être à mes côtés quand je ne me sentais pas bien, qui me motivait souvent, qui a supporté mes stresses, mes colères et mes mauvaises habitudes, et surtout qui m'a donné beaucoup d'amour et d'attentions. Tu es l'oxygène pour mon existence et donc t'es essentiel dans ma vie. Tu m'as vraiment soutenu jusqu'au bout et je suis heureux qu'on ait passé nos doctorats en même temps car nous avons fait face aux mêmes difficultés et nous avons ressentit ensemble chaque moment. Les mots ne suffiront jamais …Je t'ai aimé, je t'aime et je t'aimerai.

Je remercie chaque personne qui apprécie et donne un sens à ce travail scientifique.

Résumé

L'utilisation des micro-canaux a l'avantage de contribuer à une augmentation significative de la compacité des échangeurs de chaleur et à une amélioration des performances énergétiques des systèmes. L'étude des régimes d'écoulements diphasiques et des transferts thermiques locaux représentent un véritable verrou scientifique vu son effet sur la durée de vie et les performances énergétiques des systèmes énergétiques tels que les piles à combustible et les refroidisseurs miniatures. Malheureusement, l'aspect hydrodynamique de l'écoulement et du transfert thermique (mesure des densités de flux thermique et des coefficients d'échange thermique locaux) dans un seul micro-canal demeure toujours mal connu.

Dans le cadre de ce travail de thèse, nous nous sommes intéressés à étudier les différents phénomènes se produisant lors de la condensation dans un seul micro-canal en repérant les différentes instabilités hydrodynamiques et en analysant les différents mécanismes physiques influençant les coefficients d'échange thermique. A cette fin, nous avons développé un banc d'essais pour tester la condensation en micro-canaux et dans lequel le micro-canal est instrumenté par des micro-thermocouples de 20 μm de diamètre.

Cet aspect micro-instrumentation représente une véritable originalité de ce travail de thèse car il permet de mesurer les températures de surface locales tout au long du micro-canal. Une camera rapide est utilisée pour la visualisation des structures des écoulements se produisant en condensation dans le micro-canal. Une procédure de traitement d'images est développée pour caractériser les différents paramètres de l'écoulement diphasique dans le micro-canal, à savoir : taille des bulles, parcours des bulles, forme du ménisque, vitesse et fréquence des bulles, etc. L'influence de ces paramètres sur les structures des écoulements et sur l'intensification des transferts est étudiée. On montre la présence des écoulements instationnaires et cycliques qui changent de structure durant chaque période. La variation de la température pour chaque période est reliée à la structure de l'écoulement en condensation dans le micro-canal. On a aussi identifié des écoulements développés de différentes structures. Nous avons aussi mis en évidence que la densité du flux thermique local dépend non seulement du flux massique et du taux de condensation mais également de la structure de l'écoulement en condensation. Enfin, nos résultats donnent une démonstration sur l'influence de la micro-structuration de surface sur la structure d'écoulement lors de la condensation dans un micro-canal, et fournissent de nouvelles méthodes pour l'amélioration de l'intensification thermique.

Mots-clés: Condensation, micro-canaux, micro-thermocouples, transfert thermique local, visualisation.

Abstract

The use of micro-channels offers an advantage of contributing to a significant increase in the compactness of heat exchangers and improves systems energy performance. The study of two-phase flow patterns and local heat transfers represent a real scientific obstacle given its effect on the life and energy performance of energy systems such as fuel cells and miniature coolers. Unfortunately, the appearance of hydrodynamic flow and heat transfer (measurement of heat flux densities and local heat exchange coefficients) in a single micro-channel is still unclear.

As part of this thesis, we are interested in studying the various phenomena occurring during condensation in a single micro-channel by identifying the various hydrodynamic instabilities and deducting the various physical mechanisms influencing heat transfer coefficients. To this end, we developed a test bench for testing the condensation in micro-channels and wherein the micro-channel is instrumented with micro-thermocouples 20 μm in diameter. This aspect of micro-instrumentation represents a genuine originality of this work because it allows to measure local surface temperatures along the micro-channel. A speed camera is used for visualization of flow patterns in condensation occurring in the micro-channel. An image processing procedure is developed to characterize the different parameters of the two-phase flow in the micro-channel, i.e.: bubble size, range of bubbles, the meniscus shape, speed and frequency of bubble, etc... The influence of these parameters on the flow patterns and the intensification of transfer are studied. It is shown that the presence of unsteady flows and cyclical change structure during each period. The temperature variation for each period is related to the structure of the condensate flow in the microchannel. We also identified different developed flow structures.

We also demonstrated that the local thermal flux density depends not only on the mass flux and condensation rate but also on the structure of the flow condensation. Finally, our results demonstrate the influence of microstructure on the surface flow structure during condensation in a micro-channel, and provide new methods for improving the heat intensification.

Keywords: Condensation, micro-channel, micro-thermocouples, local physical measurements, visualization.

SOMMAIRE

CHAPITRE III : RESULTATS EXPERIMENTAUX : ANALYSE DES DIFFERENTES STRUCTURES D'ECOULEMENTS IDENTIFIEES

NOMENCLATURE

A_{man}	section du connectique	m^2
Bo_d	nombre de Bond	
Co	nombre de confinement	
C_p	Chaleur spécifique	$Jkg^{-1}m^2$
D_h	diamètre hydraulique	m
d_m	diamètre moléculaire	m
f_f	coefficient de frottement	
g	accélération gravitationnelle	m/s^2
G	vitesse massique totale	kg/m^2s
h	coefficient d'échange thermique	W/m^2K
H_c	hauteur capillaire	m
k_B	constante de Boltzmann	
L	constante de Laplace	
l_c	longueur caractéristique	m
L_c	longueur capillaire	m
Mg	nombre de Marangoni	
Nu	nombre de Nusselt	
P	pression	Pa
$q_{channel, x}$	densité de flux thermique locale	W/m^2
R	rayon de courbure	m
Re_d	Reynolds	
S	Surface d'échange	m^2

Su	nombre de Suratman	
t	temps	s
T	température	°C
$T_{c,x}$	température de la surface de contact	°C
$T_{s,x}$	température de surface locale	°C
$T_{sat,x}$	température de saturation locale	°C
$T_{w,x}$	température locale de la paroi	°C
U	vitesse du fluide	m/s
V	Volume	m^3

Symboles grecs

α_z	le taux de vide	
μ	viscosité dynamique du fluide	Pa s
λ	conductivité thermique	W/mK
ρ	masse volumique du fluide	kg/m^3
θ	angle de contact	
ν	viscosité cinématique du fluide	m^2/s
σ	tension superficielle	N/m
τ	constante de temps	s

Indices

cap	capillaire
con	contraction
ent	entrée de la section d'essais

L   liquide

sat   saturation

Si   silicium

th   thermique

tp   diphasique

v   milieu vapeur ou gazeux

x   valeur locale

w   paroi

INTRODUCTION GENERALE

INTRODUCTION GENERALE

La condensation dans des micro-canaux est utilisée dans différentes applications, en particulier, le refroidissement des composants électroniques et le conditionnement d'air dans l'automobile. Les écoulements avec changement de phase vapeur-liquide en milieu micrométrique constituent à l'heure actuelle une problématique régulièrement abordée. L'utilisation des micro-carnaux a l'avantage de contribuer à une augmentation significative de la compacité des échangeurs de chaleur et à une amélioration non négligeable des performances énergétiques des systèmes (Cavallini A. et al. 2001, S.G. Kanddlikar et al. 2002).

L'étude des régimes d'écoulements diphasiques et des transferts thermiques locaux représentent un véritable verrou scientifique vu son effet sur la durée de vie et les performances énergétiques des systèmes énergétiques tels que les piles à combustible et les refroidisseurs miniature. Des études ont montré les problèmes engendrés par une mauvaise gestion des écoulements diphasiques en micro-canaux dans les systèmes compacts. On citera dans ce cas le problème de bouchons liquides qui apparaissent lorsque les forces de capillarité déstabilisent le film liquide formé. Des études ont démontré que l'effet de la capillarité augmente et que celui de la gravité décroît en réduisant le diamètre des canaux de circulation des fluides. Aussi, les performances énergétiques des systèmes sont considérablement réduites à cause des instabilités hydrodynamiques et de la présence de bouchons liquides. L'étude de ces phénomènes nécessite une analyse physique des différents régimes d'écoulement en condensation en micro-canaux.

Dans le cadre de ce travail, nous traitons la condensation dans un seul micro-canal gravé sur silicium dans le but de mieux appréhender les différents mécanismes physiques influençant les coefficients d'échange thermique. Le premier micro-canal étudié est de forme rectangulaire de 410μm de diamètre hydraulique avec une surface lisse. Le deuxième microcanal étudié, carré et de surface lisse ayant un diamètre hydraulique de 310μm. Le troisième microcanal étudié contient des nanostructures à sa surface. L'étude expérimentale est conduite avec un seul micro-canal afin de localiser les zones de formation d'instabilités hydrodynamiques et de les analyser. Des microthermocouples type K de tailles 50μm et 20μm ont été fabriqués, étalonnés et insérés dans des microrainures perpendiculaires au microcanal pour mesurer les températures de surface locales tout au long du micro-canal. L'identification des structures des écoulements se produisant en condensation dans le microcanal est faite par visualisation en utilisant une caméra rapide.

Ce mémoire décrit les procédures et les résultats obtenus expérimentalement et par traitement d'images lors de l'étude de la condensation dans un microcanal en silicium-pyrex. Il se compose de quatre chapitres structurés de la manière suivante :

📖 Le premier chapitre présente un aperçu bibliographique des différentes études théoriques et expérimentales effectuées sur la microfluidique diphasique. Nous nous sommes intéressés dans un premier temps aux études concernant la caractérisation hydrodynamique d'écoulements diphasiques en micro-canaux. Les aspects thermiques liés aux problèmes de la condensation en micro-canaux sont abordés dans un second temps. Ce chapitre souligne l'absence dans la littérature d'études sur le transfert thermique local et la visualisation des régimes d'écoulement lors de la condensation dans un seul micro-canal.

📖 Dans le deuxième chapitre, nous présentons de manière détaillée, le dispositif expérimental que nous avons entièrement élaboré dans le cadre de cette thèse pour étudier la condensation de la vapeur d'eau dans un seul micro-canal. Nous décrivons également la partie micro-instrumentation, les conditions générales d'expérimentation et la procédure suivie. Le dispositif expérimental et la section d'essais sont décrits en détail. La procédure de microfabrication des micro-canaux en silicium et celle de la microstructuration de la surface d'échange sont présentées.

📖 Dans le troisième chapitre, nous présentons l'ensemble des résultats expérimentaux concernant l'analyse hydrodynamique par traitement d'images des différentes structures d'écoulement identifiées en condensation dans le microcanal. Des procédures de traitement d'images ont permit de déduire différents paramètres tels que les parcours, les vitesses, les tailles, les fréquences, etc., pour des écoulements à bulles allongées et à bouchons liquides et pour ceux qui sont annulaires avec une production continue de bulles. Les influences des différents paramètres tels que le diamètre du microcanal, la puissance de refroidissement, le flux massique, la coalescence des bulles, la microstructuration de la surface d'échange sont étudiées.

📖 Dans ce dernier chapitre nous décrivons la procédure utilisée pour estimer localement les conditions thermiques au niveau de la surface d'échange. Les résultats expérimentaux concernant les coefficients d'échange thermique locaux, les températures de la surface, les densités de flux thermique locaux seront présentés dans ce chapitre. Les relations liant les structures des écoulements observés et les températures de surface mesurées seront démontrées. Dans ce chapitre, les températures de surface mesurées confirment également le caractère cyclique de l'écoulement diphasique qui a été observé par visualisation. Les effets de différents paramètres sur le transfert thermique local sont traités en particulier la microstructuration de la surface, le flux massique, le diamètre hydraulique, etc.

CHAPITRE I :

ETUDE BIBLIOGRAPHIQUE SUR LA CONDENSATION EN MICRO-CANAUX

I.

ETUDE BIBLIOGRAPHIQUE SUR LA CONDENSATION EN MICRO-CANAUX

Dans le domaine de l'énergie, en France on a un véritable besoin de développement de sources de conversion d'énergie miniatures tout en assurant une protection de l'environnement. Les transferts à micro-échelle revêtent désormais une importance capitale tant du point de vue de la connaissance fondamentale que de celui des applications. Des secteurs aussi différents que l'industrie aérospatiale, l'électronique, la biologie, l'automobile ou le froid et la climatisation font appel à des systèmes aux échelles milli- ou micrométriques. Cette tendance va en s'amplifiant et pour réaliser et/ou optimiser les dispositifs développés à ces échelles, de nouvelles études doivent être entreprises pour assurer la maîtrise des phénomènes physiques locaux. Les fluides vecteurs sont sous forme monophasique ou diphasique. L'utilisation d'échangeurs avec un fluide changeant de phase liquide-vapeur ou vapeur-liquide offre l'avantage de dissiper une puissance bien supérieure à celle dissipée par le même fluide caloporteur restant sous la forme d'une seule phase. Cet aspect permet de réduire encore la taille des dispositifs et d'élargir leur champ d'application.

Les échangeurs de chaleur à micro-canaux sont des systèmes indispensables aux développements technologiques. Des efforts de recherche doivent se multiplier dans des études permettant la maîtrise des phénomènes physiques locales dans des micro-canaux à savoir : la gestion locale et le contrôle des flux de chaleur et leur intensification, l'étude des écoulements du liquide et des bulles afin de limiter les instabilités hydrodynamiques, ainsi que l'utilisation des nanofluides.

Dans ce chapitre, nous présentons un aperçu des différentes études théoriques et expérimentales effectuées sur la condensation de la vapeur d'eau dans un micro-canal en silicium-pyrex. La première partie présente les objectifs et le contexte de la microfluidique et des écoulements diphasiques. La deuxième partie présente un aperçu des différents régimes d'écoulements diphasiques identifiés dans le cas des écoulements avec ou sans changement de phase. La comparaison entre les structures des écoulements obtenues en macro-canal et en micro-canal est mise en évidence. La dernière partie de ce chapitre présente les quelques études présentes dans la littérature sur la caractérisation des phénomènes de transfert thermique lors de la condensation dans des micro-canaux. L'objectif de cette dernière partie est de mettre en évidence la rareté de résultats expérimentaux concernant les coefficients d'échange thermiques lors de la condensation en micro-canaux. Ceci est dû principalement à la complexité de l'étude des écoulements diphasiques avec transferts de masse et de chaleur à microéchelle. Cette complexité réside principalement sur l'aspect microinstrumentation.

I. 1. CONTEXTE ET OBJECTIFS

La microfluidique est un des axes de recherche émergents vu le lien incontournable entre cette thématique de recherche et les nombreuses perspectives de développement technologique, telles que : le médical, l'électronique, la biologie et les microsystèmes. La technologie des composants progresse continuellement dans des domaines scientifiques liés essentiellement à la science de la vie et ne doit pas être limitée par des contraintes physiques et économiques. Il semble que dans ce domaine la position de la France soit plutôt en retrait par rapport aux grands pays industrialisés si l'on prend comme mesure le nombre de publications parues dans le domaine.

La microfluidique diphasique est un domaine de recherche d'avenir qui offre d'énormes avantages et de larges champs d'applications. Aujourd'hui, les études scientifiques sont très rares dans le domaine de la condensation en microcanaux et ceci autant sur le plan national que international. C'est l'une des raisons pour laquelle nos travaux de recherche sont menés dans le cadre de la condensation en microcanaux. Il est à noter que la compréhension d'une manière fine des phénomènes physiques mis en jeu lors de la condensation permettra de quantifier l'effet de chaque paramètre responsable de la dégradation des performances thermiques et de développer des outils de modélisation performants et des lois de transferts thermique et massique.

En pratique, l'utilisation des microsystèmes de refroidissement diphasique fermés (appelés microboucles diphasiques) et constitués principalement d'un micro-évaporateur et un micro-condenseur, permet de travailler à très faibles quantités de fluides caloporteurs, de réduire les contraintes liées à l'encombrement et le bruit, d'assurer une dissipation thermique et une répartition de température sensiblement uniforme dans le système et assurer un contrôle thermique. La figure I.1 présente un exemple d'application des micro-canaux pour la circulation des écoulements diphasiques. Ce prototype, étudié par Liepmann en 2001, est destiné au refroidissement passif de composants électroniques. C'est une micro-boucle de refroidissement à pompage capillaire composé de deux sources : un évaporateur et un condenseur à micro-canaux disposés parallèlement. Ces deux sources sont reliées par des micro-canaux de section rectangulaire et de longueur 35mm. La ligne vapeur reliant la sortie de l'évaporateur à l'entrée du condenseur a pour section 150x450μm. La ligne liquide reliant la sortie du condenseur à l'entrée de l'évaporateur a pour section 150x150μm. L'évaporateur est disposé généralement en contact direct avec la source à refroidir afin de dissiper les calories causant son réchauffement et de maintenir sa température égale à celle correspondant à son point de fonctionnement. A l'évaporateur, le flux thermique dégagé par le système à refroidir est absorbé par le fluide caloporteur qui subit un changement de phase liquide-vapeur (processus d'échange de chaleur latente). La vaporisation du fluide caloporteur provoque à la fois le pompage du liquide et le refoulement de la vapeur de l'évaporateur. La vapeur produite est ensuite envoyée vers le condenseur où elle se condense en cédant sa chaleur latente vers le milieu extérieur. Le fluide caloporteur retourne vers l'entrée de l'évaporateur, à l'état liquide, sous l'effet des forces de gravité. La micro-boucle diphasique développée par Liepmann (figure I.1) permet une extraction des densités de flux allant jusqu'à 2MW/m².

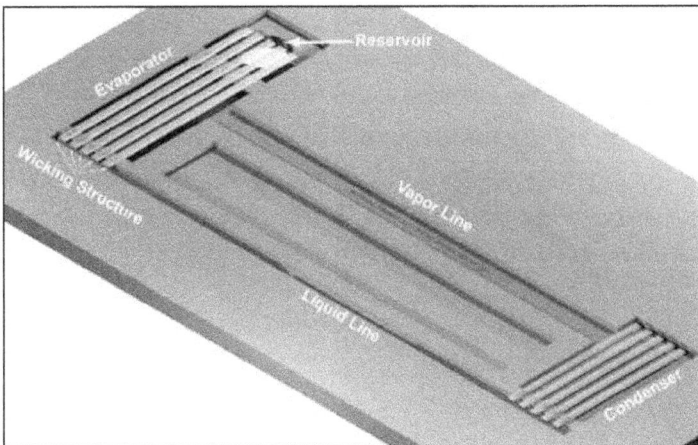

Figure I.1. Microboucle de refroidissement diphasique [Liepmann, 2001].

Dans la littérature, la miniaturisation des systèmes a pris de l'ampleur car c'est une fonction essentielle qui peut être parmi les solutions permettant de réduire les nombreuses complexités limitant le développement énergétique des applications en microsystèmes et nanosystèmes. Ceci explique l'existence de certains travaux de recherche dans le domaine de la microfluidique diphasique alliant à la fois intensification des transferts, miniaturisation et caractérisations thermique et hydrodynamique locales des écoulements diphasiques en micro-canaux.

Dans la littérature, il a été démontré par de nombreux auteurs que la réduction du diamètre hydraulique des canaux engendre une modification de la structure de l'écoulement diphasique. Ceci nécessite le développement de nouvelles lois de transfert thermique et l'identification des nouveaux régimes d'écoulement. Les écoulements dans des micro-canaux diffèrent de ceux dans des macro-canaux à cause des forces de capillarité qui sont négligeables à grandes échelles et qui deviennent prépondérantes à petites échelles. Ajouté à cela, les forces de gravité deviennent négligeables à micro-échelle alors qu'elles sont très prononcées à macro-échelles. La réduction de l'échelle des systèmes jusqu'à l'échelle micrométrique affecte forcément le flux massique du fluide caloporteur, la quantité de mouvement et l'énergie échangée à travers les interfaces liquide-vapeur et fluide-paroi.

En général, le mouvement des fluides est dominé par les forces de frottement liées à la viscosité du fluide et par les forces d'inertie contrôlées par le débit de l'écoulement. Ces deux forces contrôlent les instabilités de l'écoulement. En effet, lorsque les forces de viscosité sont prépondérantes par rapport aux forces d'inertie, les instabilités sont dissipées par la viscosité. L'écoulement étant laminaire avec un champ de vitesses variable de façon monotone. Dans le cas inverse, lorsque les forces d'inertie deviennent plus prononcées que les forces de viscosité, les instabilités se développent et l'écoulement devient turbulent. Par conséquent, le transfert de chaleur est amélioré. Pour comprendre ces phénomènes d'instabilités et de transfert de masse et de chaleur à l'échelle micrométrique, des auteurs ont introduit des grandeurs adimensionnelles.

I. 2. NOMBRES ADIMENSIONNELS EN MICROFLUIDIQUE

Il a été démontré que la miniaturisation des systèmes s'accompagne par une modification de la physique des écoulements. Par conséquent, les lois régissant les transferts de chaleur et de mouvement à l'échelle micrométrique diffèrent de celles établies dans des volumes de taille métrique. L'application des équations de Navier Stockes aux écoulements à micro-échelle est compromise. De ce fait, des nombres adimensionnels ont été introduits dans le but de caractériser les aspects thermique et hydrodynamique des écoulements dans les microsystèmes. Dans ce paragraphe, nous nous limiterons aux nombres adimensionnels nécessaires à la compréhension des mécanismes physiques qui contrôlent la condensation en micro-canal.

Nombre de Reynolds :

Le nombre de Reynolds représente le rapport entre les forces d'inertie et les forces visqueuses. Il représente également le rapport qualitatif du transfert par convection et du transfert par diffusion de la quantité de mouvement. Il est définit de la manière suivante :

$$Re_d = \frac{\rho U D_h}{\mu} = \frac{U D_h}{\nu} \tag{I.1}$$

avec : U : vitesse du fluide, D_h : diamètre hydraulique, ν : viscosité cinématique du fluide, ρ : masse volumique du fluide, μ : viscosité dynamique du fluide.

Nombre de confinement :

En écoulement diphasique à micro-échelle, cette échelle de dimension dicte le rôle dominant des interactions de surface en raison de l'augmentation du taux de surface/volume. Dans un micro-canal confiné, ces interactions de surface comprennent non seulement l'interaction interfaciale entre les deux phases, mais aussi l'interaction de chaque fluide avec les parois du canal. En conséquence, l'effet des propriétés de surface des parois du micro-canal devient important. Ce qui influence profondément la nature de deux écoulements dans des micro-canaux et les zones de transitions du régime d'écoulement. Les deux paramètres qui sont souvent utilisés pour décrire les écoulements polyphasiques sont le nombre de confinement (Co) et le nombre d'Eötvös (Eo).

Le nombre de confinement peut aussi être interprété comme étant le rapport entre la tension superficielle et les forces de gravité.

$$Co = \sqrt{\frac{\sigma}{g(\rho_L - \rho_v)D_h^2}} \tag{I.2}$$

Avec :

ρ_L : la masse volumique du liquide, ρ_v : la masse volumique de la vapeur, g : l'accélération gravitationnelle, D_h : diamètre hydraulique, σ : la tension superficielle.

Nombre de Bond :

Le nombre de Bond mesure la prédominance des forces de flottabilité par rapport à celles de la tension superficielle. Il est défini par le rapport du diamètre hydraulique (D_h) et de la longueur capillaire (Lc) :

$$Bo_d = \left(\frac{D_h}{L_c}\right)^2 \qquad (I.3)$$

La longueur capillaire L_c est définie en fonction de la tension superficielle (σ), des masses volumiques liquide (ρ_L), vapeur (ρ_v) et de la pesanteur (g) :

$$L_c = \sqrt{\frac{\sigma}{(\rho_L - \rho_v)g}} \qquad (I.4)$$

Dans notre cas, la longueur capillaire est de 2,7mm et pour un diamètre hydraulique de 305 µm, le nombre de Bond est de 0,012.

Nombre de Marangoni :

Le nombre de Marangoni (Mg) représente le rapport des forces de tension superficielle sur les forces de viscosité. Il est défini par l'équation suivante :

$$Mg = -\frac{d\sigma}{dT} \cdot \frac{1}{\mu a} . l_c . \Delta T \qquad (I.5)$$

avec : l_c : longueur caractéristique du système, σ : tension superficielle, a : diffusivité thermique, μ : viscosité dynamique, ΔT : différence de température.

I. 3. NOTION DE CAPILLARITE EN MICROFLUIDIQUE DIPHASIQUE

Les mouvements diphasiques en micro-canaux sont contrôlés par le phénomène de capillarité développé à cause de la réduction de la taille du micro-canal. Ce phénomène est illustré dans le cas de la montée du liquide dans un tube de très faibles dimensions plongé dans un liquide. Il est fortement lié à la tension superficielle qui résulte des forces d'interactions moléculaires au niveau de l'interface entre deux milieux différents (liquide/solide) ou deux phases différentes (liquide/vapeur). Dans le cas de la figure I.2, chaque molécule du liquide subit des forces d'attraction moléculaire des molécules voisines. Au niveau de l'interface liquide-gaz, les molécules liquides subissent des faibles forces d'attractions par les molécules gazeuses contrairement à celles exercées par les molécules liquides. La résultante des forces d'attraction est alors orientée vers l'intérieur du liquide.

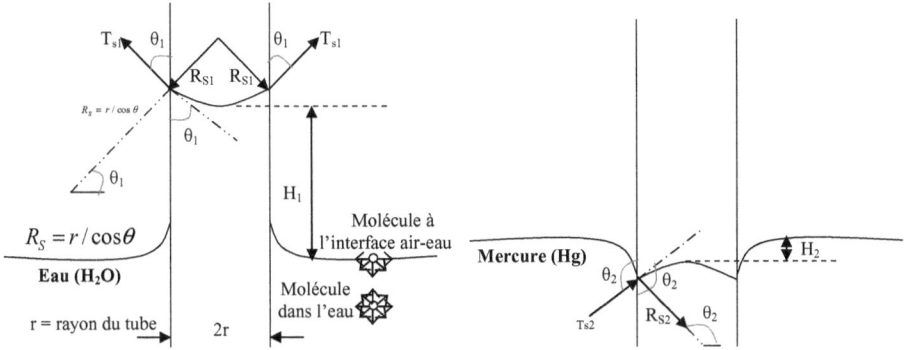

Figure I.2. Remontée du liquide dans un capillaire.

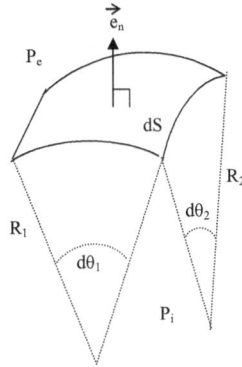

Figure I.3. Equilibre mécanique d'une interface.

A l'équilibre, la courbure de l'interface liquide-vapeur est contrôlée par une différence de pressions des deux milieux liquide et gazeux appelée pression capillaire. Cette dernière est définie par la loi de Young-Laplace en fonction des rayons de courbure de l'interface notés par R_1 et R_2 (figure I.3).

$$\Delta P_{cap} = \sigma \left(\frac{1}{R_1} + \frac{1}{R_2} \right) \tag{I.6}$$

avec :

σ : la tension superficielle en N/m.

Dans le cas d'une courbure sphérique, l'équation de la pression capillaire s'écrit sous la forme suivante :

$$\Delta P_{cap} = 2\frac{\sigma}{R} \tag{I.7}$$

Cette notion de pression capillaire est appliquée dans les caloducs et les boucles diphasiques à pompage capillaire en utilisant une structure solide adaptée pour assurer le mouvement du liquide vers la zone d'évaporation. Il est à noter que la présence d'une interface solide attire ou repousse les molécules du fluide. Ce mécanisme d'attraction ou de repoussement des molécules est contrôlé par l'état de surface du solide et la nature du fluide. La grandeur définie par les chercheurs pour caractériser ce couple surface-liquide et quantifier la mouillabilité du fluide par rapport à la surface est l'angle de contact appelé aussi angle de mouillabilité et noté par θ. Ce dernier est mesuré généralement pour chaque couple fluide-surface solide. Deux configurations peuvent se présenter selon que le fluide est plus ou moins mouillant. La figure I.4 schématise ces deux configurations : le liquide dans l'image à gauche est plus mouillant que celui dans l'image à droite. L'angle de contact étant plus important dans cette dernière configuration.

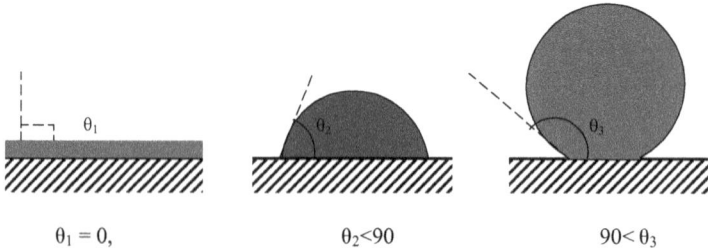

$\theta_1 = 0,$ $\qquad\qquad\qquad \theta_2 < 90$ $\qquad\qquad\qquad 90 < \theta_3$

Figure I.4. Notion de mouillabilité entre un fluide et une surface.

Cette notion de mouillabilité influence la valeur de la pression capillaire qui s'écrira sous la forme suivante :

$$P_{cap} = P_v - P_L = \sigma\left(\frac{1}{R_1} + \frac{1}{R_2}\right)\cos(\theta) \tag{I.8}$$

Par conséquent, la hauteur de montée du fluide grâce à la pression capillaire dépendra également de l'angle de contact caractérisant le couple fluide-surface. Cette hauteur est déduite de l'équilibre entre les forces de tension superficielle et le poids du fluide dans la colonne de hauteur notée par H_c :

$$2\pi R\sigma\cos(\theta) = \pi R^2 g\rho_L H_c \qquad (I.9)$$

La hauteur capillaire caractérise l'ascension d'un liquide sous l'effet de la tension de la surface et peut être calculée par :

$$H_c = \frac{2\sigma\cos(\theta)}{g\rho_L R} \qquad (I.10)$$

I. 4. REGIMES D'ECOULEMENTS DIPHASIQUES EN MICROCANAUX

Des études ont démontré que les structures des écoulements diphasiques sont significativement modifiées en mini/micro-canaux comparé aux écoulements dans des macro-canaux. Ceci est dû principalement aux forces de tension de surface qui dominent les forces de gravité. La limite à partir de laquelle un canal peut être désigné par un micro-canal ou un mini-canal a fait l'objet de plusieurs classifications publiées dans la littérature.

I.4.1 Classifications des micro-canaux

En se basant uniquement sur la notion du diamètre hydraulique, des classifications arbitraires sont proposées dans la littérature. Celle proposée par Mehendale et al (2000) défini les échangeurs thermiques suivant la classification suivante :

micro-échangeurs : $1\mu m \leq D_h \leq 100\mu m$

méso-échangeurs: $100\,\mu m \leq D_h \leq 1\,mm$

échangeurs compacts : $1\,mm \leq D_h \leq 6\,mm$

échangeurs conventionnels : $D_h \geq 6\,mm$

Une autre classification proposée par Kandlikar et Grande (2002) qui considèrent que :

14

les micro-canaux : $10\mu m \leq D_h \leq 200\mu m$

les mini-canaux : $200\mu m \leq D_h \leq 3mm$

les macro-canaux : $D_h \geq 3mm$

En 2003, Cavallini et al. ont indiqué que pour les échangeurs thermiques, les micro-canaux correspondent aux canaux dont le diamètre hydraulique est compris entre 0,5 à 3 mm.

En tenant compte des propriétés physiques des fluides, un critère de classification des micro-canaux a été proposé par Suo and Griffith (1964):

$$\frac{L}{D_h} \geq 3.3 \tag{I.11}$$

L est la constante de Laplace définie par :

$$L = \sqrt{\frac{\sigma}{g(\rho_L - \rho_v)}} \tag{I.12}$$

Notons que le rapport $\frac{L}{D_h}$ représente le nombre de confinement qui a été repris par plusieurs autres auteurs.

Kew and Cornwell (1997) ont constaté que l'écoulement diphasique à bulles confinées occupe majoritairement les micro-canaux et que la taille des bulles augmente en réduisant la pression. De ce fait, ils ont recommandé l'utilisation du nombre de confinement pour classifier les micro-canaux. Ils ont proposé qu'une limite pour laquelle le canal peut être considéré comme un micro-canal : $Co \geq 0,5$

$$Co = \sqrt{\frac{\sigma}{g(\rho_L - \rho_v)D_h^2}} \tag{I.13}$$

En utilisant ce critère la valeur du diamètre de transition est le double de celui définie par Serizawa et al. (2002) qui ont mené une étude sur la visualisation des écoulements adiabatiques air-eau dans un micro-canal de 50 µm de diamètre et ont recommandé la constante de la Laplace ($\sqrt{\sigma/g(\rho_L - \rho_v)}$) comme critère de transition entre les micro-canaux et les mini-canaux.

Brauner et Moalem-Maron (2004) ont proposé un autre critère de classification en introduisant le nombre d'Etovos :

$$Eo \leq (2\pi)^2 \qquad (I.14)$$

En conclusion, la désignation d'un canal comme étant un micro-canal ou un macro-canal n'est pas clairement définie dans la littérature. Dans le domaine de la condensation ou de l'ébullition, plusieurs auteurs (Garimella et al. 2005, Lallemand et al. 2005, ...) désignent par le terme micro-canal tout échangeur thermique dont le diamètre hydraulique des canaux de circulation du fluide caloporteur est inférieur à 1 mm.

Dans le cadre de ce travail de recherche, nous avons retenu la classification des micro-canaux, mini-canaux et macro-canaux récemment définie par Cheng et al. (2006) en se basant sur le nombre de Bond (noté par Bo_d). Ces auteurs ont désigné par micro-canal tout canal dont le diamètre hydraulique répond au critère suivant :

$$Bo_d = \left(\frac{D_h}{L_c}\right)^2 \leq 0,05 \qquad (I.15)$$

Au delà de cette valeur, on défini :

les mini-canaux pour : $0,05 \leq Bo_d \leq 3$

les macro-canaux pour : $Bo_d \geq 3$

L'avantage de cette classification réside sur la prise en compte de l'effet de la température, de la pression et des propriétés thermophysiques du fluide caloporteur.

En général, la classification des micro-canaux indique la limite à partir de laquelle les forces de tension de surface deviennent prépondérantes par rapport aux forces de gravité. Dans ce cas, la structure de l'écoulement diphasique en micro-canal et les zones de transition sont modifiées. Elles deviennent différentes par rapport à celles identifiées pour un macro-canal. Il a été démontré par plusieurs auteurs (Coleman and Garimella, 2000, Damianides and Westwater, 1988; Fukano and Kariyasaki, 1993) que les écoulements stratifiés et à vagues interfaciales sont absents en micro-canal et que les écoulements annulaire et intermittent dominent les différentes structures d'écoulements diphasiques en micro-canal.

I.4.2 Régimes d'écoulements

La condensation des fluides en micro-canaux s'accompagne par la formation de différentes structures d'écoulements diphasiques dépendant de la perte de charge et du coefficient de transfert thermique. La structure des écoulements et les zones de transition entre les différents modes d'écoulements dans un micro-canal sont différentes de celles identifiées dans un macro-canal. Les causes principales sont les forces de gravité, de tension de surface, de viscosité et de frottement qui dépendent de la taille du canal. En pratique, le choix de la taille des canaux dans les échangeurs de chaleur nécessite la connaissance du lien reliant les coefficients d'échange thermique, les pertes de charge et la structure de l'écoulement. Dans la littérature, la majorité des études effectuées sur l'identification des régimes d'écoulements diphasiques concernent des écoulements adiabatiques air/eau ou azote/eau. En effet, dans ce cas le débit du liquide et celui du gaz sont contrôlés et peuvent être mesurés. Aussi, la conception du banc d'essais est beaucoup plus simple que pour le cas de la condensation (Garimella et al., 2005, Wu and Cheng, 2005, Kim et al. 2003, Thome et al. 2003, El Hajal et al. 2003).

Dans la littérature (Damianides and Westwater 1988, Fukano et al. 1989, Barnea et al. 1983), les études conduites sur les écoulements adiabatiques air/eau à l'intérieur d'un tube de diamètre compris entre 1 et 6mm ont montré la présence de plusieurs structures d'écoulement diphasique à savoir : annulaire, à bulles isolées, à bulles allongées dans le liquide comme le montre la figure I.5 pour le cas d'un écoulement diphasique adiabatique pour un canal vertical et la figure I.6 pour le cas du même écoulement pour un canal horizontal.

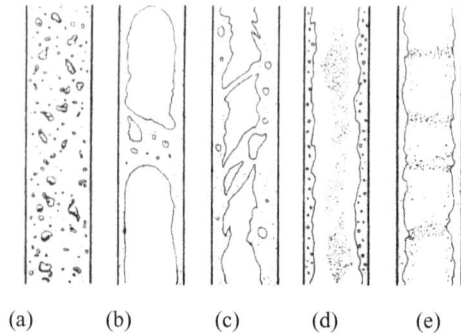

(a)   (b)   (c)   (d)   (e)

Figure I.5. Différentes structures d'écoulements diphasiques en macrocanal vertical : (a) écoulement à bulles isolées, (b) écoulement à bouchons, (c) écoulement oscillatoire, (d) écoulement annulaire/à brouillard en spirales, (e) écoulement annulaire (Collier et Thome (1994).

Plusieurs auteurs ont noté une prédominance de l'écoulement à bulles allongées et à bulles de Taylor (Slug flow) en réduisant le diamètre du canal (~1mm) et de l'écoulement stratifié à vagues en augmentant le diamètre du canal. La transition de l'écoulement stratifié à vagues vers l'écoulement annulaire est acquise en augmentant la vitesse de l'air. Cependant, l'écoulement intermittent transite vers l'écoulement dispersé à grande vitesse liquide. Dans le cas des écoulements diphasiques en micro-canal, plusieurs auteurs ont souligné l'importance du rôle de la tension superficielle et l'absence du régime d'écoulement stratifié.

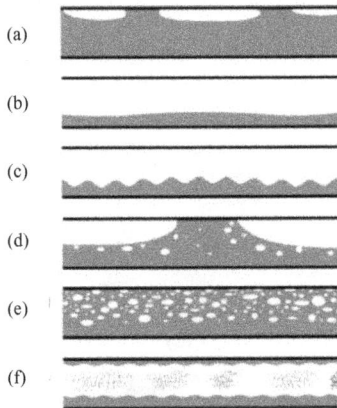

Figure I.6. Différentes structures d'écoulements diphasiques en macro-canal horizontal : (a) écoulement à bouchons, (b) écoulement stratifié, (c) écoulement à vagues, (d) écoulement à bouchons avec bulles dispersées, (e) écoulement à bulles dispersées, (f) écoulement annulaire à microgouttes.

Coleman et Garimella (1999) ont étudié l'effet du diamètre sur les différentes structures d'écoulements diphasique pour le cas d'un écoulement air/eau. Ils ont testé des tubes de diamètres de 5,5 mm, 2,6 mm, 1,75 mm et 1,3 mm et ont identifié différentes structures d'écoulements diphasiques à l'intérieur d'un tube circulaire de faible diamètre : écoulements à bulles isolées, écoulement dispersé, écoulement à bulles allongées, écoulement stratifié, écoulement annulaire et à vagues (Figure I.7). Coleman et Garimella (1999) ont montré que la section du canal a un effet non négligeable sur les zones de transition. Pour le même diamètre hydraulique, la transition de l'écoulement intermittent vers l'écoulement annulaire se produit à vitesse liquide plus importante pour le canal rectangulaire que pour celui de section circulaire. Ceci est dû au fait que les forces de tension superficielles favorisent la rétention du liquide dans les coins du canal rectangulaire comme le montre la figure I.8.

(a)

(b)

(c)

(d)

(e)

(f)

(g)

Figure I.7. Structures d'écoulements diphasiques identifiées par Colman and Garimella (1999) : (a) écoulement stratifié, (b) écoulement intermittent à bulles allongées, (c) écoulement intermittent semi-annulaire avec production de bulles, (d) écoulement annulaire à vagues, (e) écoulement annulaire, (f) écoulement à bulles, (g) écoulement à bulles dispersées.

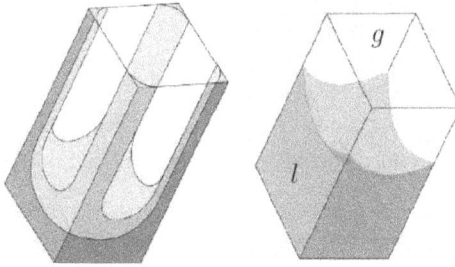

Figure I.8. Zones de rétention du liquide.

D'autres auteurs (Triplett et al. 1999b, Damianides and Westwater, 1988, Fukano and Kariyasaki, 1993) ont obtenu des structures d'écoulement diphasique comparables à celles de Coleman et Garimella. La figure I.9 montre des exemples de structures d'écoulement identifiées par Triplett et al (1996) à l'intérieur d'un capillaire. Ces images montrent que pour des basses vitesses liquide et gaz, l'écoulement diphasique est constitué de bulles allongées séparées par du liquide (figure I.9a). On a deux configurations d'écoulement diphasique selon que l'on augmente la vitesse du liquide (figure I.9b) ou celle du gaz (figure I.9c). Cette dernière figure montre également la transition de l'écoulement à bulles discrètes vers l'écoulement annulaire. En réduisant la vitesse du liquide, les auteurs ont obtenu un écoulement annulaire à vagues interfaciales (figure I.9d). Pour de très grandes vitesses du gaz, les auteurs ont obtenus un écoulement annulaire-oscillatoire comme le montre la figure I.9e.

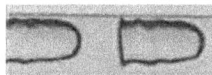

(a)

(b)

(c)

(d)

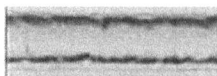

(e)

Figure I.9. Triplett et al. 1996b : (a) U_L=0,60m/s U_G=0,49m/s, (b) U_L=5,99m/s U_G=0,39m/s, (c) U_L=0,66m/s U_G=6,18m/s, (d)U_L=0,06m/s U_G=6,16m/s, (e) U_L=0,06m/s U_G=73m/s

Les études des écoulements diphasiques à l'intérieur des micro-canaux, dont le diamètre hydraulique est inférieur à 1 mm, a commencé depuis une dizaine d'années. Dans le cas des écoulements adiabatiques, des auteurs (Feng, 2001, Kawahara et al. 2002, ...) ont prouvé l'absence d'écoulements stratifiés ceci vu l'absence de l'effet de la gravité et la prédominance des forces de tension superficielles et de frottement interfacial. Les figures I.10 et I.11 montrent des exemples de structures d'écoulements diphasiques obtenues par Kawahara et al. (2002) dans le cas d'un micro-tube de 100 μm de diamètre.

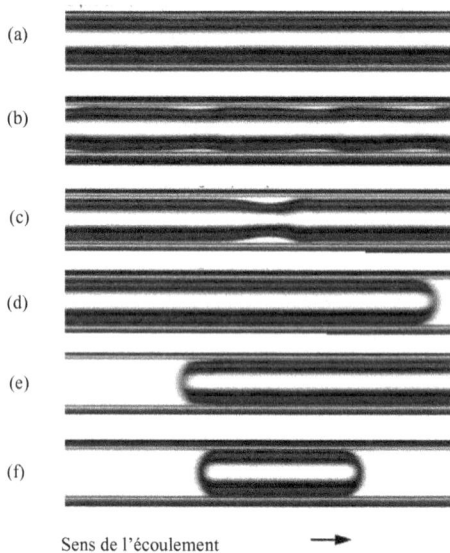

Sens de l'écoulement ⟶

Figure I.10 : Ecoulement diphasique intermittent (Kawahara et al. 2002) pour U_L=0,15m/s et U_G=6,8m/s : (a) écoulement annulaire, (b) écoulement annulaire à vagues, (c) écoulement annulaire avec zone d'engorgement, (d-e) écoulement semi-annulaire, (f) écoulement à bulles allongées

(a)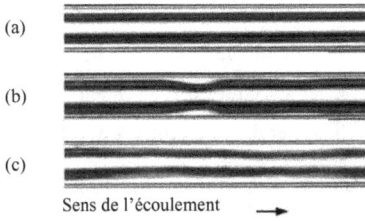

(b)

(c)

Sens de l'écoulement ⟶

Figure I.11 : Ecoulement diphasique intermittent (Kawahara et al. 2002) pour U_L=3,96m/s et U_G=19m/s : (a) écoulement annulaire, (b) écoulement annulaire avec zone d'engorgement, (c) écoulement annulaire à film liquide déformé.

Les écoulements diphasiques identifiés sont principalement annulaire avec ou sans formation de vagues interfaciales comme le montre les figures I.10a-c. Les écoulements à bulles confinées sont présentés par les images en figures I.10e-f. L'écoulement à bulles allongée vers l'entrée du canal (figure I.10d). Les structures des écoulements observés étaient intermittentes et semi-annulaire, mais une étude plus approfondie de la structure du film liquide a révélé un écoulement de corps gazeux avec un film lisse ou en forme d'anneau et d'un noyau de gaz en forme de serpentin entouré d'un film liquide déformé (figures I.11a-c). L'écoulement à bulles et l'écoulement tourbillonnaire n'ont pas été observés.

   Dans le cas de la condensation, des études assez récentes sont menées par des auteurs dans le but d'identifier les différents régimes ou structures d'écoulements en micro-canaux. Ces études ne sont pas très nombreuses et il y a un véritable manque de résultats de caractérisation des structures d'écoulements en condensation en micro-canaux. La visualisation par ombroscopie de l'écoulement lors de la condensation du npentane à l'intérieure d'un capillaire transparent de diamètre 560 µm est menée par Méderic et al. (2003-2005). Ces auteurs ont mis en évidence l'apparition de vagues interfaciales instationnaires à grande vitesse massique. Ces vagues augmentent sous l'effet de la condensation de la vapeur provoquant ainsi le détachement périodique de bulles de vapeur en aval comme le montre la figure I.12. Ce mécanisme provoque d'après les auteurs de fortes instabilités de pression.

Figure I.12 : détachement d'une bulle isolée.

Cheng et al. (2006 et 2007) ont étudié la condensation de la vapeur dans des micro-canaux de section trapézoïdale et de diamètre hydraulique 75 µm. Les micro-canaux sont parallèles et en silicium. Les auteurs ont visualisé les structures d'écoulement en condensation et ont montré la présence des écoulements cycliques et des écoulements développés. Les régimes identifiés sont : écoulement annulaire à bulles isolées, écoulement à bulles, écoulement dispersé et écoulement annulaire. Ces écoulements et les conditions de leur obtention sont présentés par la figure I.13.

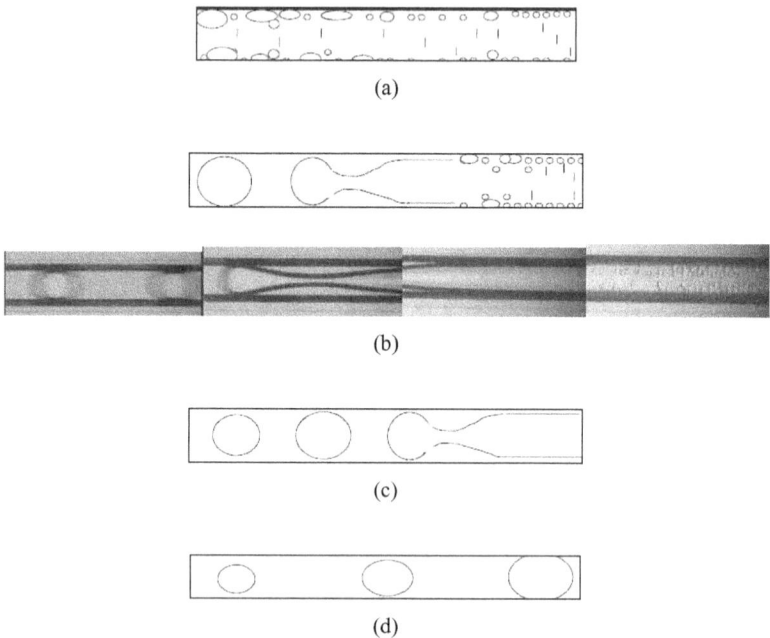

(a)

(b)

(c)

(d)

Figure I.13 : structure des écoulements : (a) écoulement dispersé, (b) écoulement annulaire, (c) écoulement annulaire à bulles isolées et (d) écoulement à bulles.

Une autre étude est conduite par Odaymet et al. (2007) sur la condensation de la vapeur d'eau dans un seul micro-canal de 780 µm de diamètre et de section circulaire. Ces auteurs ont mis en évidence le processus cyclique de la condensation en micro-canal (figure I.14) et

23

l'amortissement de l'écoulement de la vapeur en amont au moment de la formation des vagues interfaciales (figure I.15).

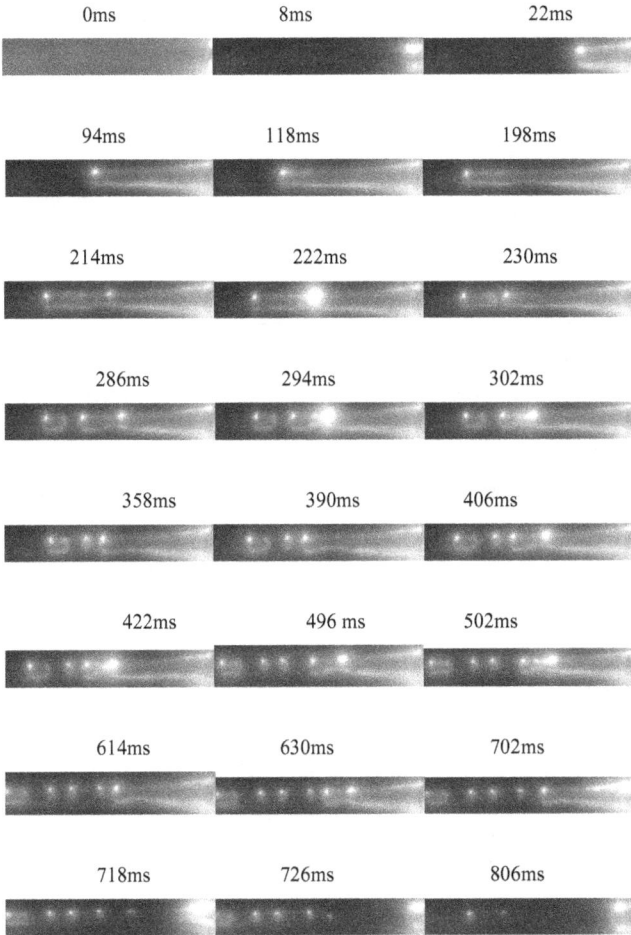

Figure I.14. La séquence complète de l'annulaire sans vagues et de l'écoulement semi-annulaire avec production de bulles

La figure I.15b présente un exemple de cycle d'un écoulement de vapeur en condensation obtenu par traitement d'image. Ce cycle représente le parcours temporel du ménisque de l'écoulement annulaire (noté par L_a) et de celui de chaque bulle produite (noté par L_b). Ces parcours sont mesurés à partir de l'entrée du micro-canal et représentent la longueur de déplacement de l'écoulement annulaire et celle de chaque bulle (voir figure I.15a). La courbe présentée en figure I.16 montre trois périodes de l'écoulement. Chaque période est caractérisée par une production d'un nombre de bulles sphériques numéroté dans chaque cycle. Le parcours de chaque bulle suivant l'axe du tube est représenté également. Durant le deuxième cycle, on remarque le phénomène de coalescence des bulles 5 et 6. A la fin de chaque cycle, une brusque diminution des longueurs de l'écoulement annulaire représentant un mouvement de retour partiel de la vapeur injectée vers l'entrée du capillaire.

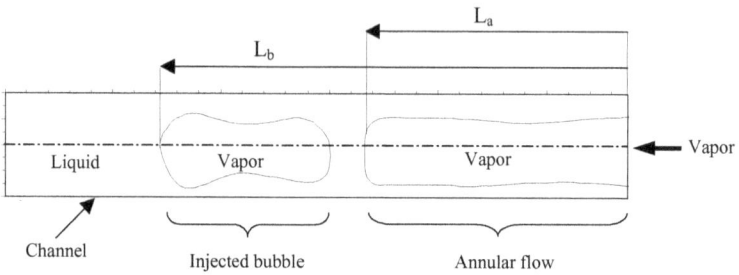

(a)

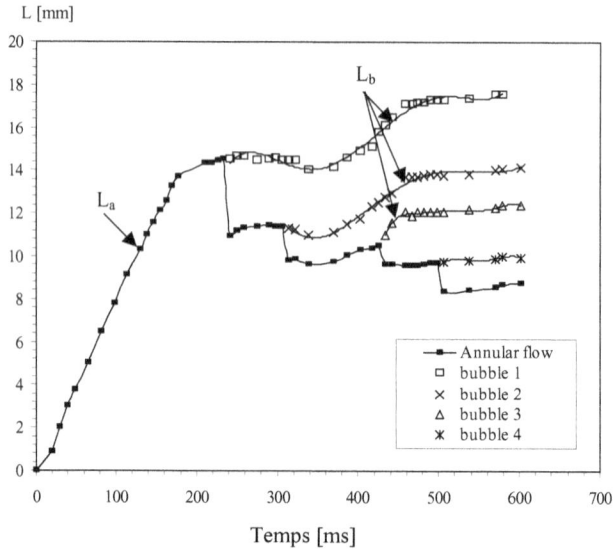

Figure I.15: Parcours temporel du ménisque et des bulles dans le micro-canal pour un cycle

25

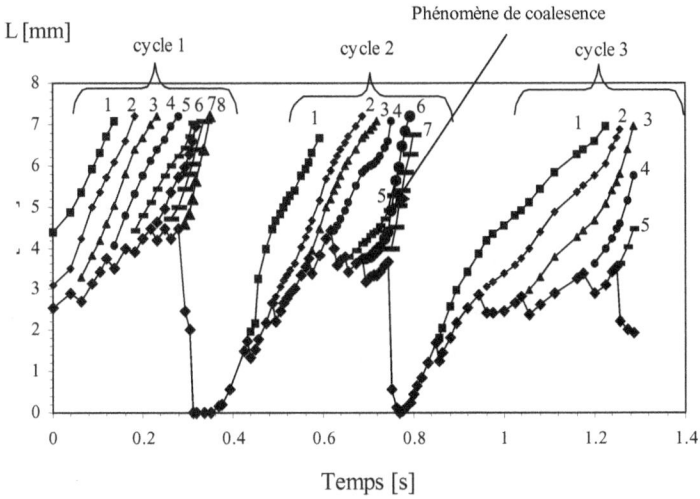

Figure I.16 : Parcours temporel du ménisque et des bulles dans le micro-canal pour trois cycles.

Récemment, Zhang et al. (2008) ont étudié la condensation de la vapeur d'eau dans des micro-canaux de section rectangulaire en silicium de diamètre 58 µm et dont le rapport d'aspect est de 26,7. Ces auteurs ont mis en évidence l'effet Marangoni en visualisant les structures d'écoulements dans chaque micro-canal sachant qu'ils ont utilisé un réseau de trois micro-canaux parallèles de longueur 5 mm. L'effet Marangoni est décrit comme étant un phénomène résultant en réalité d'une variation de la tension superficielle au niveau des interfaces causée par une variation de la température interfaciale. Cette variation de tension superficielle agit en effet comme une contrainte appliquée sur les deux phases et qui génère un écoulement des zones chaude (où la tension superficielle est faible) vers les zones froides (où la tension superficielle est élevée). Dans l'étude de Zhang et al. (2008), la dissipation thermique dans le micro-canal central est supposée symétrique par rapport à l'axe médian. Dans ce cas, l'écoulement de la vapeur est symétrique et la zone de la coupure de l'écoulement de la vapeur pour éjecter des bulles est localisée au niveau de l'axe médian (figure I.17). Dans les micro-canaux latéraux, l'écoulement de la vapeur ainsi que les bulles éjectées sont déviées de l'axe médian à cause de la répartition non uniforme de la température (figure I.18).

26

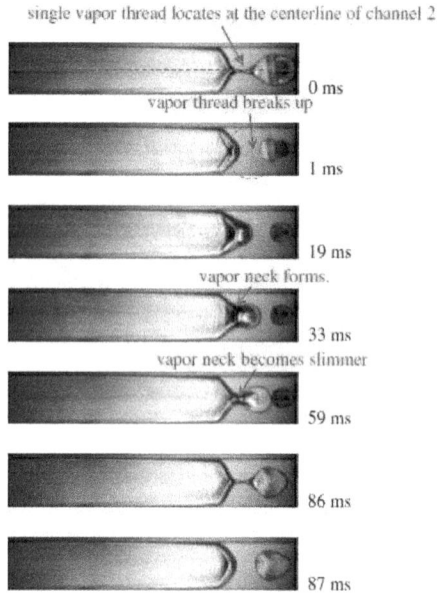

Figure I.17 : Formation d'une bulle miniature à l'avant de la bulle allongée au centre du 2ème micro-canal, mode de rupture du simple fil vapeur (p_{in}=133,17 kPa, G=123,6kg/m².s)

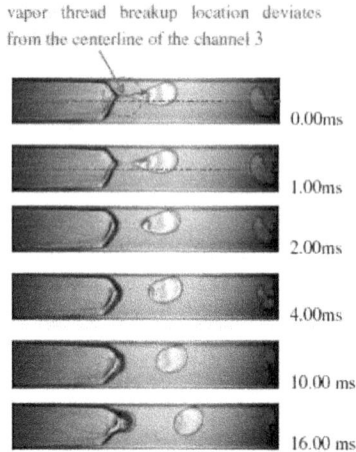

Figure I.18 : Formation d'une bulle miniature à l'avant de la bulle allongée au centre du 3ème canal, mode de rupture du simple fil vapeur (p_{in}=123,12 kPa, G=109,1kg/m².s)

I. 5. TRANSFERT THERMIQUE LORS DE LA CONDENSATION EN MICROCANAUX

S'agissant des transferts thermiques en condensation en microcanal, phénomènes très complexes compte tenu du nombre de paramètres physiques dont ils dépendent, nous avons relevé dans la littérature très peu d'études orientées sur la mesure des coefficients d'échange thermique et sur l'analyse des mécanismes physiques mis en jeu lors de la condensation dans des micro-canaux.

Divers chercheurs ont publié les résultats de leurs travaux sur la condensation des fluides frigorigènes (tel que le R134a) à cause des nombreuses applications de ce fluide frigorigène dans les systèmes de climatisation dans le transport. On relève dans la littérature des résultats d'expériences sur la mesure des performances thermiques des condenseurs compacts utilisant des mini-canaux (Cavallini et al., 2003, Kim et al. 2003, Koyama et al. 2003, Garimella 2003, Shin and Kim 2004, Shin and Kim 2005, etc.).

Récemment, Hu et Chao (2007) ont étudié la condensation de la vapeur d'eau à l'intérieur des micro-canaux de section trapézoïdale. Ils ont testés des micro-canaux de différents diamètres hydrauliques compris entre 73 et 237 µm. La longueur des micro-canaux est de 28 mm. Ils ont obtenus des structures d'écoulement comparables à celles obtenues par Cheng et al. comme le montre la figure I.19.

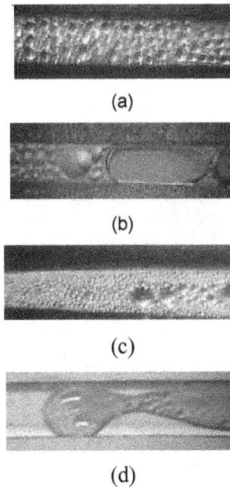

(a)

(b)

(c)

(d)

(e)

Figure I.19 : Régimes d'écoulement en condensation : (a) écoulement à microgoutelettes dispersé, (b) écoulement microgoutelettes/bouchon liquide, (c) écouelement stratifié avec microgoutellettes, (d) écoulement d'injection et (e) écoulement à bulles allongées avec bouchons liquides.

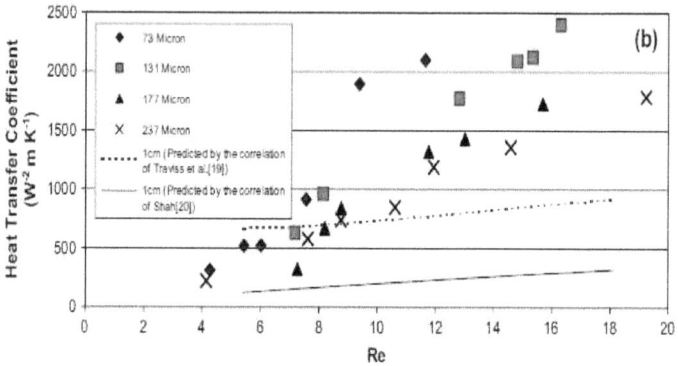

Figure I.20 : Coefficient de transfert thermique en fonction du Reynolds.

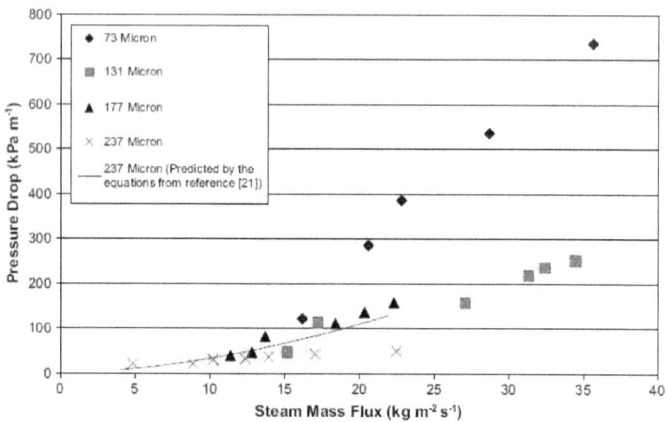

Figure I.21 : Chute de pression en fonction du flux massique.

Hu et Chao (2007) ont identifié le régime d'écoulement à bouchons comme étant celui le plus dominant. Ceci est probablement la raison pour laquelle les auteurs ont mesuré le coefficient d'échange thermique et la perte de charge pour un écoulement à bouchons. Ils ont montré que pour le même nombre de Reynolds, le coefficient d'échange thermique moyen et la perte de charge augmentent en réduisant le diamètre hydraulique comme le montre les figures I.20 et I.21. Ils confirment également que les corrélations établies pour la condensation dans des macro-canaux ne peuvent être appliquées pour le cas des micro-canaux.

Dans le cas de la condensation dans un seul micro-canal, les études concernant le transfert thermique local sont très rares car la mesure de la densité de flux thermique et de la température de la paroi est très délicate. Cependant, des auteurs ont publié des travaux sur la modélisation de la condensation dans un seul micro-canal afin d'estimer le coefficient d'échange thermique ou la perte de charge (Garimella, 2004, Begg et al. 1999, Zhang et al. 2001, Louahlia-Gualous et Asbik, 2007).

La première étude traitant du transfert thermique local lors de la condensation du R123 et du R11 à l'intérieur d'un micro-tube de diamètre 920 µm est celle de Baird al. (2003). Ces auteurs ont développé un nouveau dispositif pour contrôler le flux thermique dissipé localement dans le micro-canal en utilisant un refroidisseur thermo-éléctrique. Ils ont trouvé une grande influence du flux massique, de la pression d'entrée et du titre sur le coefficient d'échange thermique (figure I.22).

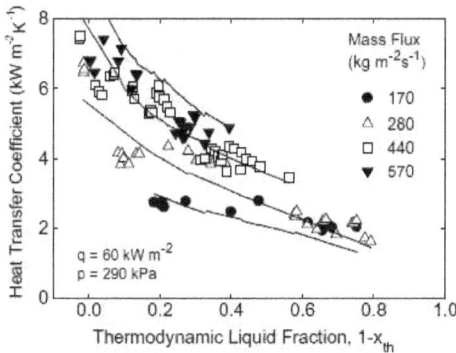

(b)

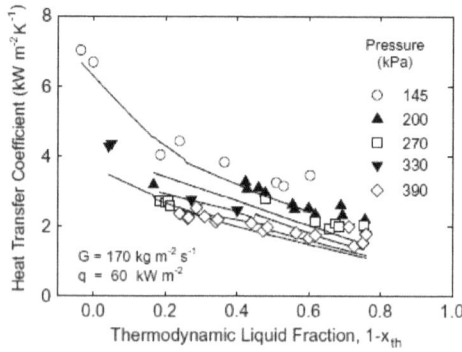

(b)

Figure I.22 : Coefficient d'échange thermique en fonction des frottements thermodynamiques du liquide : (a) effet du flux massique, (b) effet de la pression.

Récemment, Matkovic et al. (2009) ont mesuré le coefficient d'échange thermique local pour la condensation du R134a et du R23 à l'intérieur d'un seul micro-tube de diamètre 960 µm. Ils ont effectué une mesure direct de la température locale de la paroi en plaçant des thermocouples à 0,5mm loin de la surface interne du micro-tube comme le montre la figure I.23. Ils ont aussi mesuré la température locale de l'eau de refroidissement pour en déduire la densité de flux thermique locale comme le montre la figure I.24. La température de saturation locale du fluide dans le micro-tube est déduite de la pression locale. Cette dernière est déterminée par interpolation linéaire en utilisant les pressions mesurées à l'entrée et à la sortie du micro-canal. La figure I.24 montre un exemple de résultats obtenus par ces auteurs pour la condensation du R123. L'incertitude totale estimée par ces auteurs sur le coefficient d'échange thermique est de 16%.

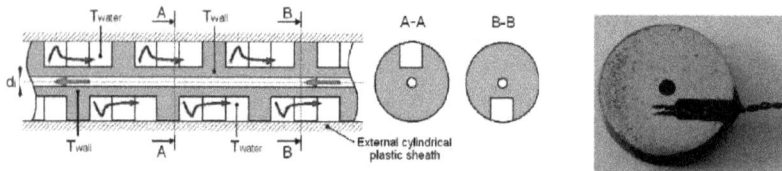

Figure I.23 : Schéma des placements des thermocouples dans un microtube dans la section d'essais de Matkovic et al.

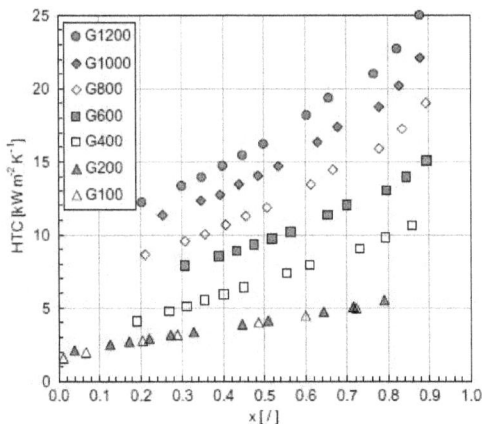

Figure I.24 : Coefficient d'échange thermique locale expérimental en condensation en fonction du titre de vapeur du R32 pour une vitesse massique entre 100 à 1200 kg/m².s.

I.6. CONCLUSIONS

Ce chapitre présente une synthèse des travaux de recherche dans le domaine de la condensation en micro-canaux. On note qu'il manque énormément de travaux sur le transfert thermique en condensation dans un seul micro-canal. Aussi, il n'existe aucune publication sur les études permettant de définir le lien entre les structures des écoulements et les coefficients d'échange thermique locaux ou moyens en condensation. L'aspect micro-instrumentation des micro-canaux en vu de mesurer les densités de flux thermiques et les coefficients d'échange thermique n'est pas suffisamment traité dans la littérature. Ces différents aspects ont retenu notre attention et ont fait l'objet de mon travail de recherche conduit durant la préparation de ma thèse de doctorat.

CHAPITRE II :

DISPOSITIF ET PROCEDURE

EXPERIMENTAUX

II-

DISPOSITIF ET PROCEDURE EXPERIMENTAUX

Dans ce chapitre, nous décrivons le dispositif expérimental mis en place pour étudier la condensation de la vapeur d'eau dans un micro-canal en silicium. Nous effectuons une description détaillée de l'instrumentation du micro-canal par des micro-thermocouples en fils. Ensuite, nous présentons les conditions d'expérimentation et la procédure de mesure suivie. La mesure de la densité du flux thermique dissipée localement a nécessité la mise au point d'une procédure d'instrumentation et de mesure qui sera détaillée dans ce chapitre. Le coefficient d'échange thermique local est calculé en tenant compte de la variation local de la température du fluide dans le micro-canal et de la structure de l'écoulement. Nous terminons ce chapitre par une présentation détaillée de la procédure de microfabrication des micro-canaux lisses et nano-structurées.

II.1- DESCRIPTION DU DISPOSITIF EXPERIMENTAL

Dans le cadre de ce travail un dispositif expérimental est mis en place au laboratoire afin d'acquérir une compréhension et une connaissance approfondies de différents phénomènes se produisant lors de la condensation dans des micro-canaux. Il permet de mesurer les coefficients d'échange thermique locaux et aussi de visualiser les différents régimes d'écoulements diphasiques présents en condensation dans un micro-canal. La figure II.1 présente le schéma de principe du dispositif expérimental entièrement conçu au cours de cette étude. Le banc d'essais expérimental est composé de deux circuits : un circuit d'alimentation du micro-condenseur expérimental en vapeur d'eau et un second circuit d'eau de refroidissement du micro-condenseur. Le premier circuit est constitué d'un générateur de vapeur d'eau (1) d'une puissance de 1.6 kW (NEMO 5+5litres remplissage semi-auto) dont la puissance est contrôlée manuellement grâce à un variateur de puissance. Ce générateur est équipé d'un pressostat permettant d'assurer une pression de fonctionnement du système constante. Une valve est installée sur la partie supérieure du générateur de vapeur afin de dégazer le générateur en évacuant tout gaz incondensable présent durant la phase d'évaporation de l'eau dans la chaudière. Le générateur de vapeur est d'une capacité maximale de 5 litres d'eau avec une réserve externe d'une capacité volumique de 5 litres. La pression de service de la vapeur fournie est de 2,8 bars avec la possibilité d'un réglage interne de la pression de 1 bar à 2,8 bars. Le débit maximal de la vapeur générée est de 2,2 kg/h. Le générateur de vapeur possède aussi une soupape de sécurité contre les surpressions et une électrovanne pour un remplissage automatique en cas de dépassement du niveau d'eau minimal. A la sortie de la chaudière, la vapeur d'eau est envoyée vers un surchauffeur (3) d'une puissance de 2kW (S 2000). Ce surchauffeur est équipé d'un capteur de pression à déformation de membrane qui permet de mesurer la pression et d'un thermocouple qui permet de mesurer la température de la vapeur à la sortie du surchauffeur afin d'estimer le niveau de surchauffe de la vapeur et de contrôler la puissance du surchauffeur. A la sortie du surchauffeur la vapeur d'eau est conduite dans un petit circuit placé à l'entrée de la section d'essais et qui est constitué d'un filtre, d'un capteur de pression et d'une vanne (4) de réglage du débit de la vapeur dans le microcondenseur. Le filtre (2) utilisé permet de filtrer les impuretés de tailles supérieures à 2 µm susceptibles d'être présent dans la vapeur. Le capteur de pression (SWAGELOCK – PTI-S Model, Standard Industrial Pressure Transducer) permet de mesurer la pression de la vapeur d'eau à l'entrée du micro-canal. Sa plage de mesure est de 0 à 2,5 bar avec une précision de 0.5% et un temps de réponse inférieur à 1 milliseconde. Les capteurs de pression utilisés fonctionnent avec une alimentation de 15 V. Des câbles chauffants d'une puissance de 70 W sont enroulés tout autour des conduites d'alimentation en vapeur d'eau afin de compenser les pertes thermiques vers l'extérieur et d'éviter l'apparition d'incondensable à l'entrée du micro-canal.

Après avoir traversée la section d'essais, la vapeur condensée est récupérée à la sortie du micro-condenseur et est ensuite envoyée dans un condenseur secondaire (6) (Réfrigérant à Boules d'Allihn d'une hauteur utile de 160 mm). Ce dernier est constitué d'un serpentin en verre transparent de diamètre 6mm inséré dans un tube vertical en verre transparent de diamètre 20mm et de longueur utile 250mm. Le fluide à la sortie du microcondenseur traverse ce condenseur secondaire en s'écoulant à l'extérieur du serpentin qui est refroidi par un écoulement d'eau du robinet. Ceci permet de condenser éventuellement la vapeur restante à la sortie du micro-condenseur. Un ballon de récupération (7) de la vapeur condensée totalement est placé à la sortie du condenseur secondaire. La masse du condensat récupéré au cours d'un certain laps de temps (15 à 20mn) est ensuite pesée par une balance (8) de précision 0,01g. Ceci permet de déduire le débit massique total de la vapeur d'eau à l'entrée de la section d'essais. Cette balance est de type TP-3002 pouvant mesurer jusqu'à une capacité de 3100g avec une précision de 0,01g et le temps de mesure est de 2,5 secondes.

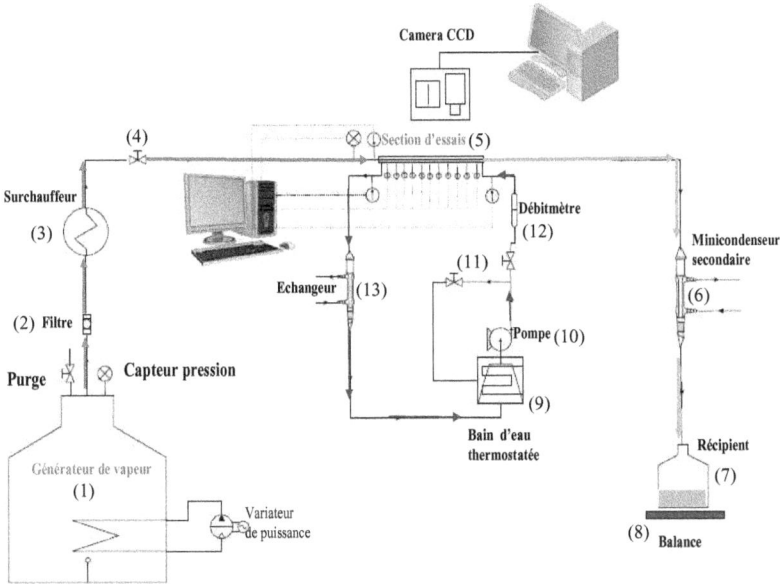

Figure II.1. Schéma de principe du dispositif expérimental.

Un circuit de refroidissement présenté en détail par la figure II.2 permet d'assurer le refroidissement du microcondenseur à débit et à température d'entrée d'eau de refroidissement contrôlés. Ce circuit est composé d'un bac contenant un bain d'eau thermostatée dont la consigne peut être variée de -12°C à +100°C avec une stabilité de 0,02°C. La montée en température peut aller jusqu'à 6,4°C/min et la descente en température peut aller jusqu'à 0,7°C/min. Un agitateur est utilisé dans le bain afin d'homogénéiser la température de l'eau dans le bac. Une pompe (10) assure la circulation d'eau de refroidissement à l'entrée de la section d'essais afin de refroidir le microcondenseur. La pompe fonctionne à 350 mbar avec un débit de 15L/h et la cuve en inox a un volume de 4.5L de dimensions 120x140mm en ouverture et 130mm en hauteur. Un débitmètre (12) à flotteur est utilisé pour mesurer le débit d'eau de refroidissement. Il est étalonné en comparant les débits mesurés à ceux obtenus par pesée. Des vannes de réglage du débit d'eau de refroidissement sont installées après la pompe de circulation d'eau. Après avoir traverser le microcondenseur, l'eau de refroidissement est refroidie dans un échangeur secondaire avant d'être retournée vers le bain thermostaté. L'échangeur secondaire est refroidi par circulation d'eau du robinet à contre courant. Des thermocouples Chromel-Alumel (75μm de diamètre) sont placés à l'entrée et à la sortie de la section d'essais de refroidissement afin de calculer la puissance de refroidissement imposée au microcondenseur.

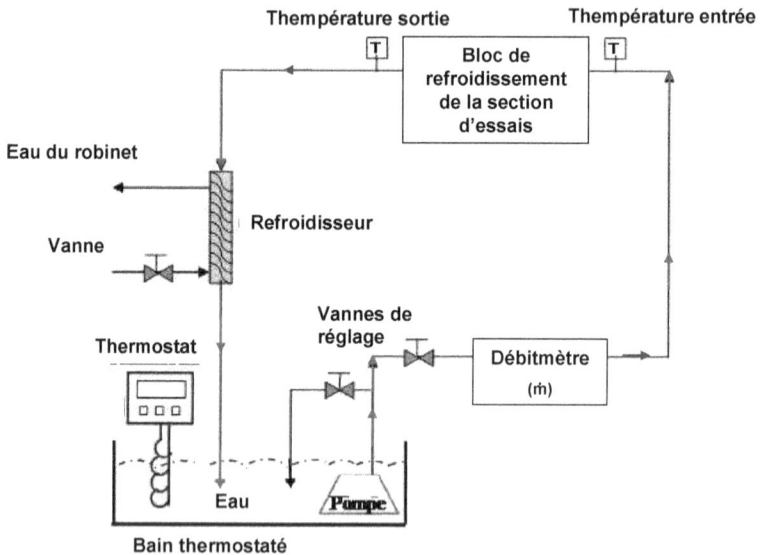

Figure II.2. Schéma de principe du circuit de refroidissement du microcondenseur

II.2. DESCRIPTION DE LA SECTION D'ESSAIS

La section d'essais constitue l'élément principal de l'ensemble du dispositif expérimental. La figure II.3 présente une photo montrant l'emplacement de la section d'essais

37

dans le dispositif expérimental. La section d'essais est constituée d'une plaque en silicium dans laquelle est pratiqué un micro-canal dans lequel les études des transferts de masse et de chaleur en condensation seront focalisées. Nous présentons la procédure de microfabrication du micro-canal et son instrumentation ultérieurement.

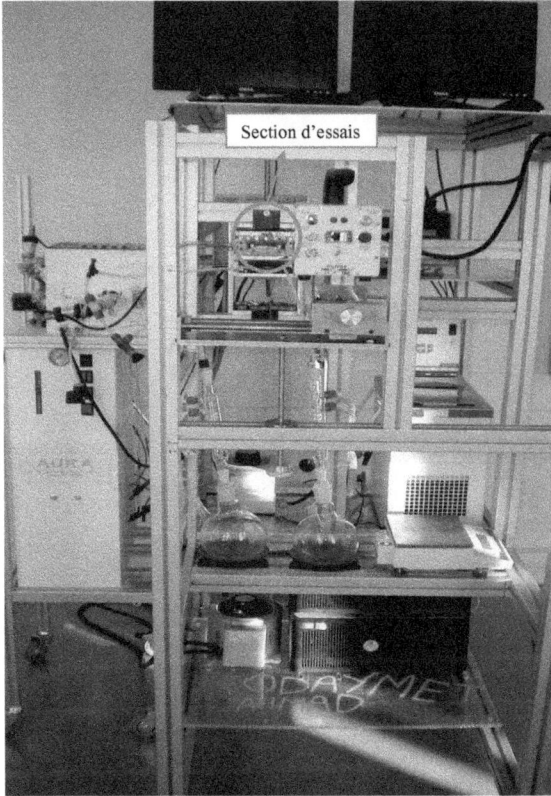

Figure II.3. Photo du dispositif expérimental

Dans ce paragraphe, nous allons présenter en détail le système de refroidissement du micro-canal et son instrumentation. La figure II.4 présente l'ensemble des pièces constituant la section d'essais. La pièce numéro (4) est fabriquée en plastique isolant thermiquement (PA6) caractérisé par une conductivité thermique de 0,23W/mK. Elle constitue le réservoir de circulation d'eau de refroidissement. Ce réservoir adiabatique a une longueur de 100 mm, une largeur de 44 mm et une hauteur de 20 mm. L'eau de refroidissement circule à l'intérieur de ce réservoir dans un volume de 50 mm de longueur 14 mm de largeur et 10 mm de hauteur. Au cours de son passage dans le réservoir, l'eau de refroidissement refroidi une ailette en laiton (3) (λ=116W/m.K) qui ferme le réservoir adiabatique grâce à sa base. La figure II.5 présente en détail les dimensions de l'ailette utilisée pour assurer le refroidissement de la base du micro-canal. L'ailette est ensuite isolée par un couvercle en plastique (PA6) (2). Cette pièce assure également le maintien de l'ailette en contact avec le réservoir (4). L'étanchéité du système est assurée par un joint torique disposé entre le réservoir et la base de l'ailette. La figure II.6 montre l'assemblage des trois pièces (2), (3) et (4) constituants le système de refroidissement. L'entrée d'eau de refroidissement s'effectue de la droite vers la gauche.

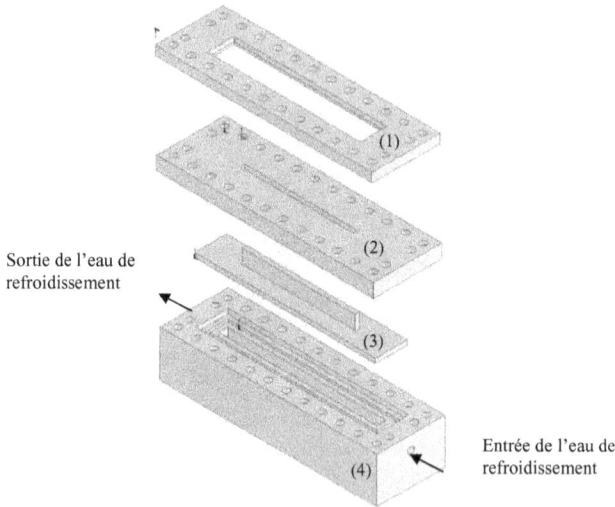

Figure II.4. L'ensemble des pièces constituant la section d'essais.

La figure II.6 montre la zone froide du système qui assure le refroidissement par contact direct avec la base du micro-canal en silicium. Cette zone est de forme rectangulaire de 2 mm de largeur et de 60 mm de longueur. La plaque en silicium contenant le micro-canal est disposée au dessus du dispositif de refroidissement (présenté en figure II.6). Ensuite, un couvercle en plastique (PA6) est utilisé pour assurer le maintien de la plaque en silicium contre le système de refroidissement. Il sert aussi d'isolant thermique afin d'éviter toute dissipation thermique éventuelle qui peut survenir dans les bords de la plaque en silicium.

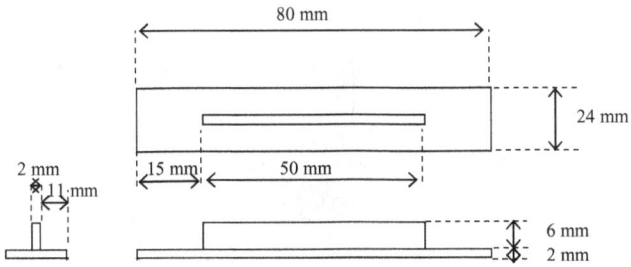

Figure II.5. Ailette en laiton.

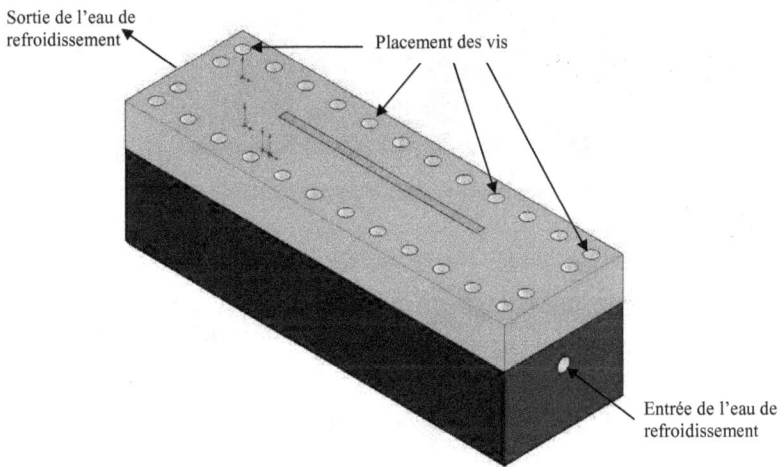

Figure II.6. Assemblage du réservoir et ailette de refroidissement.

La figure II.7 présente une photo des différentes pièces du dispositif de refroidissement. L'assemblage de ces différentes pièces est fait par un système vis-écrou répartis sur tout le pourtour du dispositif (voir figure II.6). La section d'essais assemblée avec le micro-canal en silicium disposé au milieu pour étudier la condensation de la vapeur et maintenu par un couvercle en plastique est présentée en figure II.8.

40

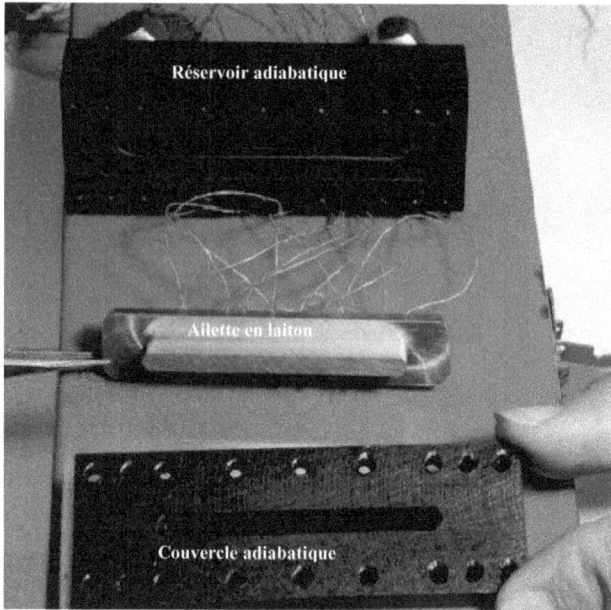

Figure II.7. Différentes pièces du dispositif de refroidissement.

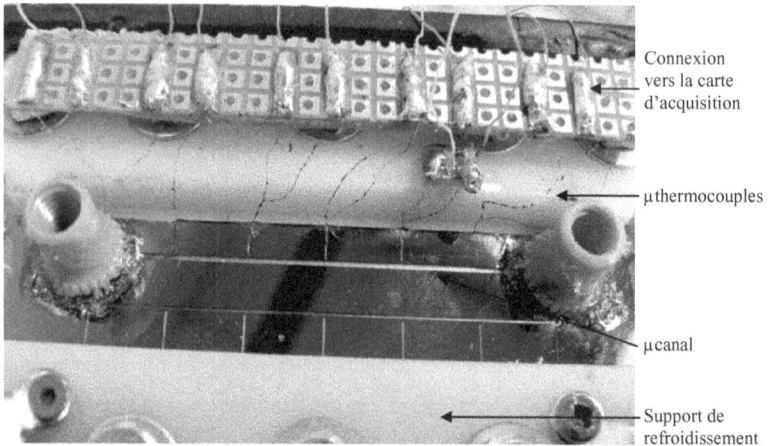

Figure II.8. Photo de la section d'essais.

II.3. PROCEDURE DE MICROFABRICATION DES MICRO-CANAUX EN SILICIUM

II.3.1. Micro-canaux en silicium à surfaces lisses

Le concept de microsystème est apparu dans les années 80 à la suite du perfectionnement des techniques de micro-usinage sur substrat silicium. Ce dernier est présent dans de nombreuses applications en microélectronique. La maîtrise des techniques de microfabrication a conduit de choisir le silicium comme matériau standard pour les microsystèmes fluidiques.

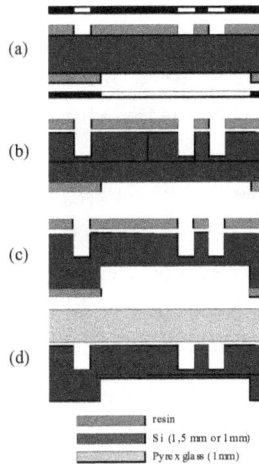

Figure II.9. Flow chart pour la microfabrication de micro-canaux sur silicium: (a) Photolithographie, (b) DRIE face avant, (c) DRIE face arrière, (d) Stripage de résine et soudage anodique.

La microfabrication des micro-canaux d'essais de diamètre hydraulique inférieur à 500 μm nécessite la combinaison entre différents procédés tels que : le procédé de gravure par DRIE (Deep Reactiv Ion Etching), la photolithographie, le dépôt de matériaux par pulvérisation cathodique, le soudage anodique ainsi que l'usinage par ultrason. Ces procédés vont être développés dans le paragraphe suivant. D'un point de vue microtechnologique, la réalisation des micro-canaux est effectuée en utilisant un wafer en silicium d'épaisseur 1500 μm où les micro-canaux de 300 μm de profondeur sont gravés et un wafer en pyrex de 500μm d'épaisseur dont les trous d'alimentation sont réalisés par usinage à ultrason. En général, la conception de tout microsystème faisant appel à des techniques de microfabrication nécessite la réalisation d'un 'flow-chart' représentant l'ensemble des étapes de microfabrication qui doivent être suivies en salle blanche. La figure II.9 présente le flow chart des différents processus de microfabrication suivis pour réaliser des micro-canaux en silicium avec une plaque transparente en pyrex.

II.3.1.1 Photolithographie

Les composants micro-électroniques ont vu leur évolution prendre son essor avec la mise au point de techniques de microfabrication permettant de réduire sans cesse leur taille. Actuellement, la photolithographie constitue le procédé le plus répandu et qui littéralement signifie 'écriture sur pierre'. Les étapes du procédé de photolithographie commencent par l'application d'un film fin de résine photosensible sur la surface du substrat (le silicium dans notre cas). L'étalement de cette résine se fait par centrifugation sur une tournette en effectuant un réglage de différents paramètres : temps, vitesse et accélération en fonction de l'épaisseur de la résine désirée. Le temps d'étalement est choisi pour que le film de résine sèche partiellement et polymérise. La résine est ensuite exposée à une radiation lumineuse en utilisant un masque formé de zones opaques et transparentes permettant de définir le motif à reproduire. Dans le cas où la région exposée devient plus soluble, une image positive du masque est formée sur la résine, d'où le terme résine positive. À l'inverse lors de l'utilisation d'une résine négative l'image formée l'est en négatif (les zones exposées résistent au développement).

L'étape suivante (la gravure) permet d'éliminer la couche du substrat en silicium dans toutes les régions non recouvertes de résine, les motifs du masque seront alors reproduits sur la couche inférieure.

II.3.1.2 Phase d'usinage du silicium

La gravure consiste à enlever de la matière aux endroits qui sont restés exposés après l'étape de photolithographie. Elle peut s'effectuer en milieu sec ou en milieu liquide. Pour ce dernier cas, l'échantillon est immergé dans un acide pour enlever une partie de la matière se trouvant sous le masque de résine. La gravure du silicium par voie sèche s'effectue par une attaque ionique réactive (DRIE : Deep Reactiv Ion Etching). C'est une méthode qui consiste à attaquer le silicium chimiquement par bombardement ionique. Dans notre cas, ceci a permis de graver les micro-canaux sur la face supérieure du silicium et de graver des micro-rainures sur la face inférieure du wafer pour loger des micro-thermocouples

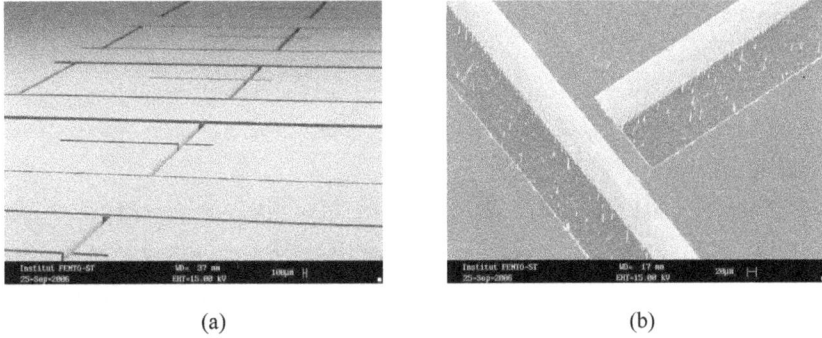

(a)   (b)

Figure II.10. Micro-canaux et micro-rainures gravés sur silicium

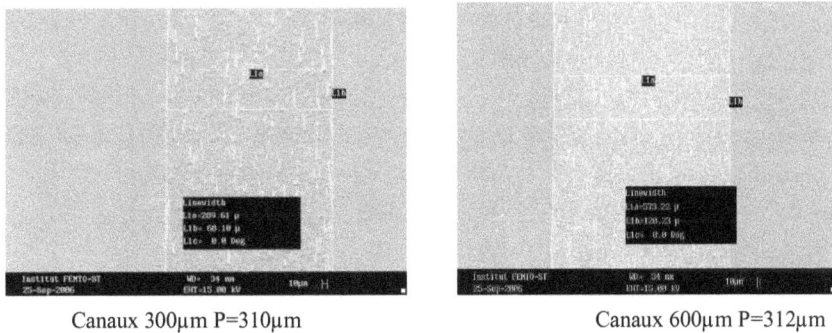

Canaux 300µm P=310µm   Canaux 600µm P=312µm

Figure II.11. Détermination des tailles des micro-canaux par traitement d'images.

II.3.1.3 Soudure anodique

Une fois les micro-canaux gravés dans un substrat en silicium, ce dernier doit être refermé hermétiquement par un wafer en Pyrex. Nous avons dans ce cas utilisé un scellement anodique pour refermer les micro-canaux gravés dan le silicium. Cette technologie est particulièrement bien adaptée au couple de matériaux silicium/pyrex qui présentent des coefficients d'expansion thermiques similaires. Le pyrex, matériau riche en ions sodium Na+, est un isolant électrique mais à partir de 400°C, ses ions sodium deviennent mobiles. L'application d'une polarisation négative fait migrer ces ions à la cathode, où ils se neutralisent en formant des cristaux de sodium. En migrant, ces ions laissent dans le pyrex des charges fixes qui créent un champ électrostatique intense avec les charges positives du silicium. En conséquence, les surfaces des deux matériaux mis en contact sont attirées l'une vers l'autre et des liaisons Si-O-Si sont suspectées de se former au niveau de l'interface du scellement.

La réussite d'un scellement anodique nécessite un état de surface irréprochable pour les deux surfaces à sceller. Le protocole suivant a été suivi pour réaliser un scellement anodique entre le silicium et le pyrex :

- Nettoyage pendant 10 min des deux substrats au PIRANHA, c'est à dire à l'acide sulfurique à 96% (H_2SO_4) + de l'eau oxygénée (H_2O_2). Rinçage à l'eau dé-ionisée.
- Mise en place des échantillons et chauffage. Thermalisation à 460 °C pendant deux heures.
- Application de la pression de plaquage et polarisation de la cathode à -500 V. Après extinction du courant ionique de scellement (5 min), arrêt de la polarisation, du chauffage et relâchement de la pression de plaquage.
- Refroidissement en deux heures.

Les micro-canaux réalisés se sont révélés parfaitement étanches et résistants jusqu'à des niveaux de pression interne de 3 bars. La technique du scellement anodique bénéficie d'une fiabilité accrue et elle a donc servi de base à l'élaboration de tous les micro-canaux silicium-pyrex réalisés au cours de ce travail de thèse.

II.3.1.4 Usinage à ultrason

Toute étude expérimentale en microfluidique nécessite l'utilisation de connectiques hydrauliques étanches permettant l'alimentation du banc de test et le relier au reste des composants macroscopique. La connectique à utiliser doit être étanche et doit résister à des pressions de 1,5 à 2,5 bars, à l'humidité et à un écoulement de vapeur utilisé à des températures comprise entre 90°C et 120°C maximum.

L'alimentation fluidique d'un micro-canal transite par des trous percés dans le pyrex au moyen d'un désintégrateur à ultrasons. Le principe d'un désintégrateur à ultrasons est de projeter localement des particules abrasives (carbure de brome par exemple) sur la surface à usiner. Pour ce faire, un foret d'un millimètre de diamètre est vissé sur une tête de perçage vibrant à des fréquences ultrasonores. Le foret est approché de la surface à traiter sur laquelle, une goutte d'une suspension aqueuse de particules abrasives a été préalablement déposée. Une fois réglée la force d'appui du foret, le perçage peut débuter. Ce type d'usinage peut être réalisé sur des substrats en silicium ou en pyrex. Ces trous sont positionnés au milieu de plots en silicium dont la face supérieure offre une surface de scellement supplémentaire, ce qui permet de renforcer la tenue mécanique du dispositif au niveau des réservoirs. Des connectiques en polypropylène sont collées à l'entrée et à la sortie de chaque micro-canal.

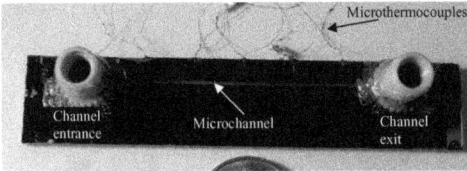

Figure II.12. Photo du micro-canal avec les connectiques.

II.3.2. Micro-canaux en silicium à surface nanostructurée

Dans le cadre de la mise en place des moyens d'intensification des transferts thermiques dans le cas de la condensation dans un micro-canal, nous avons travaillé sur la conception de micro-canaux nanostructurées. Dans ce cas, nous avons choisi de réaliser des micro-canaux en utilisant du silicium et du verre pour étudier à la fois la structure de l'écoulement et les coefficients de transfert thermique. La structuration de la surface d'échange est faite sur du silicium. Le micro-canal est réalisé sur un wafer en verre afin de pouvoir visualiser les différents régimes d'écoulement diphasiques.

II.3.2.1 Préparation des micro-canaux sur verre.

La réalisation des micro-canaux sur un wafer en verre consiste à graver des canaux sur une plaque en verre. Le canal a une profondeur de 100µm et une largeur de 200µm. La gravure du verre est réalisée par deux techniques différentes : la première est par Laser et la seconde est une gravure profonde DRIE STS sur verre.

Gravure par Laser

Nous avons utilisé le Laser femto seconde qui permet de graver le verre sans utiliser de masque mais en ne définissant que les coordonnées de gravure (la largeur, la profondeur ainsi que la distance de gravure). Nous avons choisi de graver 7 micro-canaux dans un wafer en verre. Les figures II.13 et II.14 montrent des exemples de photos présentant la forme ainsi que l'état de la surface des différents micro-canaux gravés. L'angle de gravure dans cette technique est estimé à 76°.

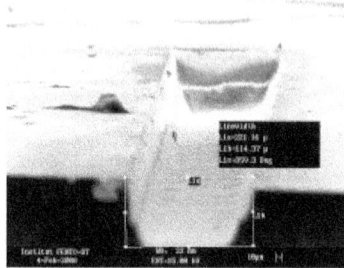

Figure II.13. Géométrie de la section du micro-canal.

Figure II.14. État de la surface du micro-canal

L'inconvénient de cette technique de gravure par Laser est le dépôt du verre gravé sur la surface. Ceci crée des bourrelés à côté des micro-canaux de plus de 7μm de profondeur. Ce dépôt du verre sur la surface nécessite une opération supplémentaire qui consiste à effectuer un polissage de la surface pour supprimer les bourrelés et rendre la surface lisse afin d'assurer un soudage verre-silicium satisfaisant.

Gravure profonde DRIE STS sur verre

Cette deuxième procédure de gravure a nécessité l'utilisation d'un masque en Nickel épais. Cette technique permet de déposer le Nickel électrolytique sur des surfaces de 70x70mm^2 pour assurer une bonne adhérence à la surface. Le masque réalisé pour l'électroformage, permet de déposer une résine positive AZ5296 d'épaisseurs 6µm. Dans un premier temps, le verre doit être métallisé avec du Chrome pour assurer une couche d'accrochage d'épaisseur 15 à 30nm et du cuivre d'épaisseur 100 nm. Cette dernière couche permet au substrat de jouer le rôle d'une électrode. Le choix du cuivre permet une bonne adhérence du Nickel électrolytique.

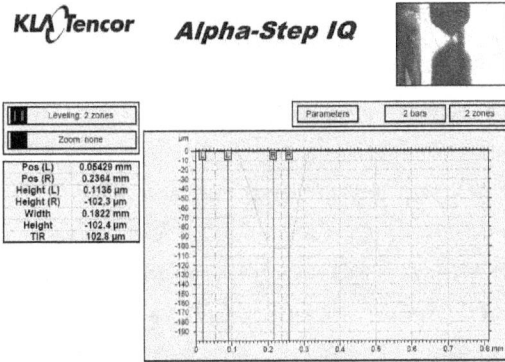

Figure II.15. Profil du canal (1h20min de gravure)

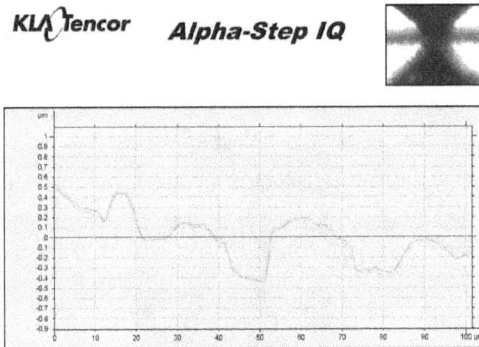

Figure II.16. Rugosité du canal après 30 min de gravure.

48

Les gaz utilisés dans la technique de gravures STS sur verre sont : CF_4, C_4F_8 et O_2. Les Figures II.15 et II.16 montrent le profil du canal et la rugosité de la surface au cours de la procédure de gravure qui a durée en principe 2h. On remarque que le fond est moins rugueux que dans le cas du laser Femto seconde. On constate aussi que l'angle de gravure est pratiquement droit, ce qui n'est pas le cas pour la technique du laser.

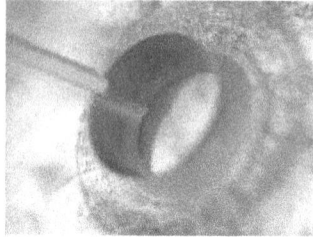

Figure II.17. Profil de l'alimentation du micro-canal,

Nous avons ensuite réalisé des perçages sur du verre pour assurer l'alimentation du micro-canal en fluide caloporteur. Ces perçages sont faits par usinage ultra-sonore au FEMTO-ST. Avec cette technique, le perçage est dû aux mouvements des grains d'abrasif (carbure de bore, carbure de silicium ou diamant de quelques dizaines de μm de diamètre) qui sont projetées sur la surface de la pièce à percer. La figure II.17 montre la morphologie d'un trou d'alimentation du micro-canal.

II.3.2.2. Réalisation des micros ou nano-structures sur silicium.

La figure II.18 montre les 5 étapes suivies pour la réalisation des microstructures gravées sur Silicium. La figure II.19 montre un exemple de microstructurations de la surface d'échange réalisées en salle blanche. Les structures croix font 10μm de chaque côté et une profondeur de 5μm. Les structure cylindriques ont une hauteur de 5μm et un diamètre de 3μm. Les structures carrées sont de côté 5μm et ont une épaisseur de 100nm.

1. Dépôt sur Silicium de l'aluminium
de 100nm pour gravure DRIE à 5μm

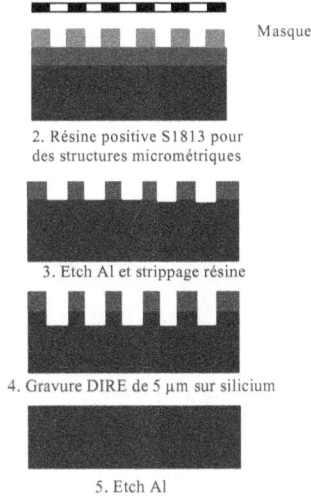

Masque

2. Résine positive S1813 pour
des structures micrométriques

3. Etch Al et strippage résine

4. Gravure DIRE de 5 µm sur silicium

5. Etch Al

Figure II.18. Différents étapes de réalisation des microstructures.

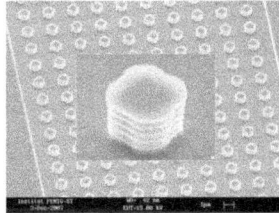

Figure II.19. Photo MEB de microstructures gravées sous forme de croix.

II.4. INSTRUMENTATION DE LA SECTION D'ESSAIS

Les températures de l'eau de refroidissement sont mesurées à l'entrée et à la sortie de la section d'essais afin de déterminer la puissance de refroidissement. La température et la pression de la vapeur à l'entrée du micro-canal sont mesurées pour savoir si cette vapeur est saturée ou surchauffée. Les températures à l'intérieur de l'ailette sont mesurées tout au long du micro-canal afin de déterminer le flux thermique local traversant cette ailette. Les températures mesurées dans les microrainures perpendiculairement au micro-canal et tout au

50

long de ce micro-canal servent à déterminer le profil de températures suivant chaque type d'écoulement et aussi à calculer le flux thermique local transmis à l'ailette. Toutes ces mesures permettent une meilleure compréhension des phénomènes physiques locaux.

II.4.1. Instrumentation et choix des dimensions de l'ailette

Les températures de paroi sont mesurées à l'intérieur de l'ailette avec des thermocouples Chromel-Alumel de diamètre 200µm (incertitude de ±0,1°C). Ces microthermocouples sont fabriqués au sein de notre laboratoire. Une procédure d'étalonnage et de détermination de leur temps de réponse est conduite. Elle sera présentée ultérieurement. L'instrumentation de la section d'essais est effectuée en plaçant des microthermocouples au sein de l'ailette en laiton à 4,5mm et à 1 mm de la surface de contact entre l'ailette et la base de la plaque en silicium où est gravé le micro-canal à tester. Les microthermocouples sont placés dans le plan central de l'ailette sur une seule ligne comme le montre la figure II.20a. La figure II.20b montre le placement des microthermocouples suivant la normale à l'ailette dans le but de déterminer la densité de flux thermique locale dissipée dans le micro-canal.

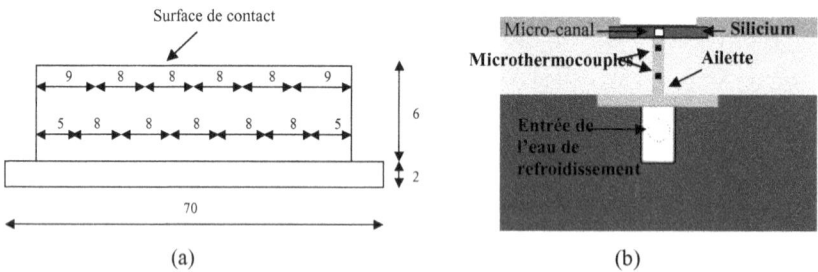

Figure II.20. Placement des microthermocouples dans l'ailette de refroidissement.

Par conséquent, on dispose dans l'ailette 5 microthermocouples placés à 1mm de la surface de contact et répartis à x=9mm, 17, 25, 33 et 41mm. Six autres microthermocouples sont placés à 4,5mm de la surface de contact et à des distances x=5, 13, 21, 29, 37 et 45 mm de l'entrée du micro-canal. Tous ces microthemocouples sont insérés à la base de l'ailette dans des perçages pratiqués dans l'ailette. Ces perçages sont ensuite remplis d'un matériau conducteur (l'étain) afin d'assurer le contact entre le microthermocouple et la paroi de l'ailette et d'éviter la présence de toute couche d'air comme le montre la photo en figure II.21.

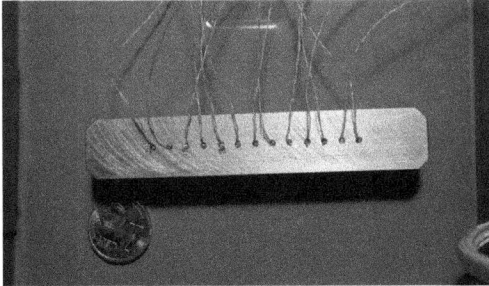

Figure II.21. Placement des microthermocouples dans l'ailette.

Nous avons utilisé une ailette d'épaisseur 2mm et d'une hauteur de 6mm. Le choix de ces deux paramètres est conditionné par le fait que le flux de refroidissement doit être orienté suivant la normale à la surface de contact de l'ailette. Ceci impose donc, de choisir des dimensions de l'ailette de telle sorte que la dissipation thermique du flux de refroidissement suivant l'épaisseur et la longueur de l'ailette soit négligeable. Une modélisation a été effectuée sur COMSOL pour confirmer ce choix dimensionnel.

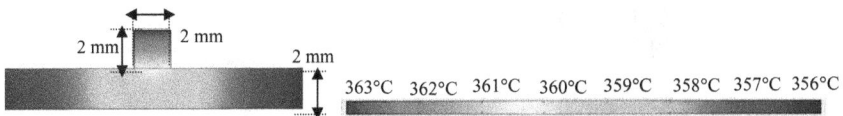

Figure II.22. Simulation en 2D avec COMSOL pour une ailette de 2mm de hauteur.

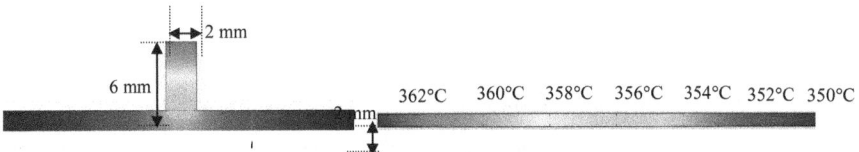

Figure II.23. Simulation en 2D avec COMSOL pour une ailette de 6mm de hauteur.

II.4.2. Instrumentation du micro-canal

Nous avons travaillé sur l'instrumentation du micro-canal en utilisant des microthermocouples chromel-alumel inséré dans des micro-rainures perpendiculairement au sens de l'écoulement. La figure II.24a montre une photo de 3 microthermocouples insérés dans des micro-rainures de 250 µm de largeur, de 300 µm de profondeur et de 3200 mm de longueur. Ces microrainures sont formées dans le silicium et fermées par la plaque de pyrex. Ces microthermocouples sont de diamètre 50 µm et sont entièrement réalisés dans notre laboratoire. Les microthermocouples sont insérés dans ces rainures et fixés par une colle déposée sur l'extrémité de la rainure comme le montre la figure II.24 c.

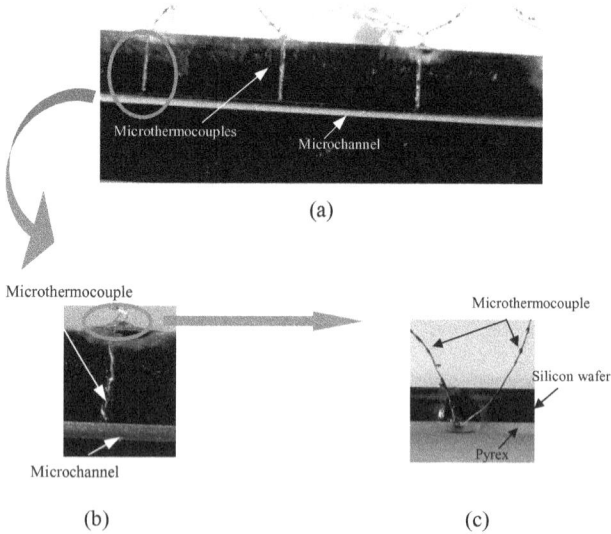

(a)

(b)   (c)

Figure II.24. Placement des microthermocouples dans les microrainures.

La figure II.25 montre la répartition de ces microthermocouples suivant le sens de l'écoulement. Sept microthermocouples sont installés : le premier est placé à 1 mm de l'entrée et les autres sont répartis suivant la longueur du micro-canal avec un espacement de 8 mm. Le dernier microthermocouple étant placé à 1mm de la sortie du micro-canal (x=49 mm).

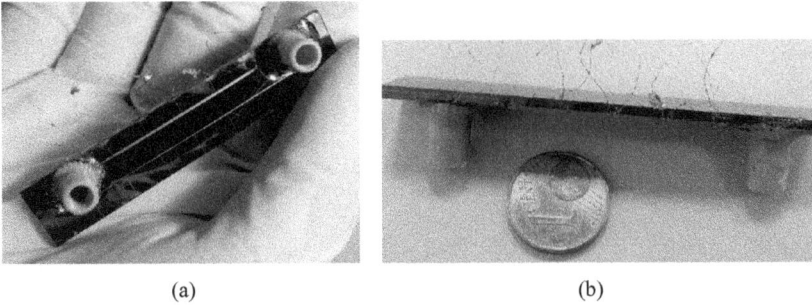

(a)   (b)

Figure II.25. Répartition des microthermocouples tout au long du micro-canal

Au dos du micro-canal, des rainures sont gravées perpendiculairement au sens de l'écoulement. L'extrémité de chaque rainure est située au niveau de l'axe central du micro-canal. La figure II.26 montre une photo de la face arrière du micro-canal. Des microthermocouples type K de 20µm de diamètre sont insérés dans ces rainures. Ceci permet de mesurer la température de contact entre la surface de l'ailette en laiton et celle de la base du wafer en silicium. Cette température de contact est mesurée dans le but de valider la densité de flux thermique calculée à partir des températures de paroi mesurée au sein de l'ailette en laiton et celle mesurées dans les micro-rainures formées par le silicium et le pyrex. Ces dernières températures sont mesurées à 30µm loin de la surface d'échange. Sachant que la conductivité du silicium est de 248W/mK, cette épaisseur correspond à une résistance thermique de $1,21.10^{-7}$ °C/W Ceci nous a permis d'assumer que les températures mesurées dans les micro-rainures sont équivalentes aux températures de la surface d'échange du micro-canal. Cette procédure sera développée ultérieurement dans ce chapitre.

Figure II.26. Emplacement de microthermocouples de 20µm sur la face arrière du micro-canal.

54

II.5. MICROTHERMOCOUPLES ET SYSTEME D'ACQUISITION DES MESURES

II.5.1. Système d'acquisition des mesures

Dans le cadre de ce travail, une centrale d'acquisition de type National Instruments permet de mesurer la réponse de l'ensemble de capteurs de températures et de pression situé dans les circuits de vapeur d'eau et de refroidissement. Nous avons utilisé deux cartes d'acquisition équipées de 31 voies chacune. Pour toute mesure de température par thermocouple, la centrale de mesure possède une thermistance intégrée afin de réaliser la compensation de la soudure froide. Le système d'acquisition des mesures est directement raccordé à un ordinateur qui permet la visualisation et l'enregistrement de l'ensemble des mesures relevées sur le banc d'essais par le biais d'un programme développé sur le logiciel Labview. Grâce à ce programme on peut visualiser et traiter tous les mesures des différents capteurs simultanément. Le système d'acquisition a été réglé à une fréquence de balayage d'1 mesure par seconde de température, de tension et de courant.

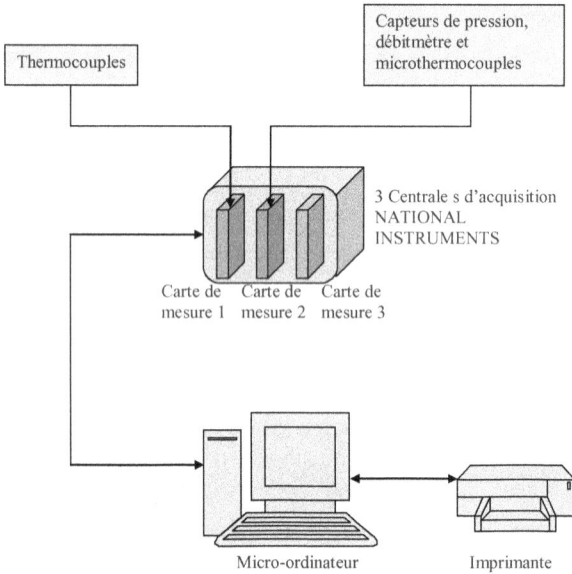

Figure II.27. Description du système d'acquisition de données.

II.5.2. Microthermocouples

Les micro-thermocouples sont utilisés pour réaliser la mesure des températures locales. En outre, tant que la zone de jonction est petite, le temps de réponse sera rapide et devrait être le plus suffisant possible pour mesurer les variations de température des bulles de vapeur formées lors de la condensation de cette vapeur d'eau avec la carte d'acquisition. Afin d'avoir une meilleure compréhension des méthodes et des caractéristiques ayant contribué aux micro-thermocouples dans l'appareil, une brève introduction aux thermocouples, ainsi que des renseignements basics sur les dispositifs de micro-thermocouple, développés dans le passé, sera présenté.

Temps de réponse des microthermocouples :
La détermination du temps de réponse des différentes tailles de microthermocouples utilisés dans le cadre de ce travail est faite en suivant une procédure basée sur la mise de chaque thermocouple sous l'effet d'un échelon de température variable d'une valeur minimale constante à une valeur maximale également constante dans le temps. La figure II.29 montre un exemple de résultats obtenus qui concerne la réponse d'un thermocouple de taille 100µm (courbe noire) soumis sous l'effet d'un échelon de température compris entre 26°C et 142°C (courbe rouge).

T [°C]

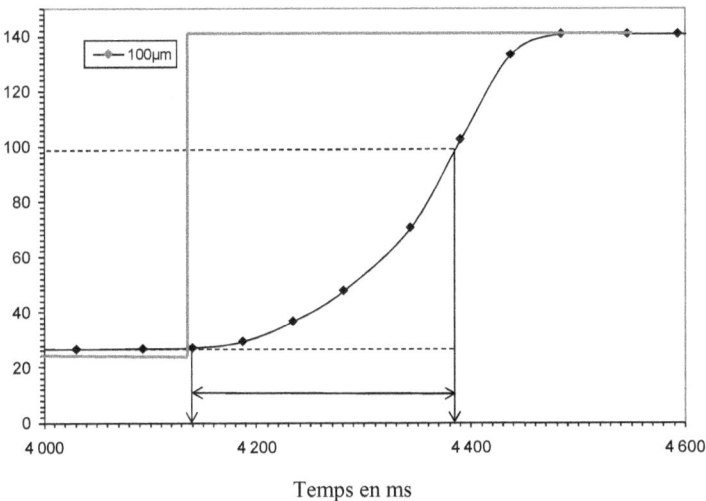

Temps en ms

Figure II.29. Temps de réponse pour un thermocouple de 100 µm.

La constante de temps indique la réponse d'un thermocouple au changement de sa température. Elle correspond au temps que met un thermocouple pour atteindre 63% de l'échelon de température qu'on lui impose. En général, le temps de réponse dépend de la taille de la jonction, de ses propriétés physiques, du coefficient de convection entre la jonction et le milieu environnent dans lequel elle est plongée. L'expression théorique de la constante de temps d'un thermocouple définie à partir de l'équation de la chaleur en monodimensionnel peut être écrite sous la forme suivante :

$$\tau = \frac{\rho.C_p.V}{h.S} \tag{II.1}$$

Avec : ρ : masse volumique de la jonction, C_p : capacité calorifique de la jonction, V : volume de la jonction, h : coefficient d'échange thermique convectif avec le milieu ambiant, S : surface d'échange soudure et milieu extérieur.

D'après l'équation II.1, on peut constater que pour le même type de thermocouple (même capacité calorifique, C) et pour le même coefficient de convection (h) caractérisant les transferts thermiques entre la jonction et le milieu environnent, la constante de temps augmente en augmentant la taille des thermocouples. Le tableau II.30 présente les valeurs caractéristiques des temps de réponse mesurés pour différentes tailles de microthermocouples réalisés.

Taille du microthermocouple	Temps de réponse
20µm	82ms
50µm	100ms
75µm	128ms
100µm	210ms

Figure II.30. Temps de réponse de différentes tailles de microthermocouples.

Étalonnage en régime permanent

L'étalonnage des thermocouples utilisés est effectué en utilisant un bain thermostaté dans lequel nous avons plongé les thermocouples à étalonner et une sonde de précision (type P600 : précision de ±0,03°C). Ensuite, nous avons fait varier la température du bain thermostaté et pour chaque valeur imposée, nous avons enregistré les réponses de tous les thermocouples ainsi que de la sonde de précision. Ces mesures sont faites en régime permanent. La figure II.31 montre des exemples de résultats issus de cette procédure d'étalonnage. L'incertitude sur la mesure des températures est au maximum 4%.

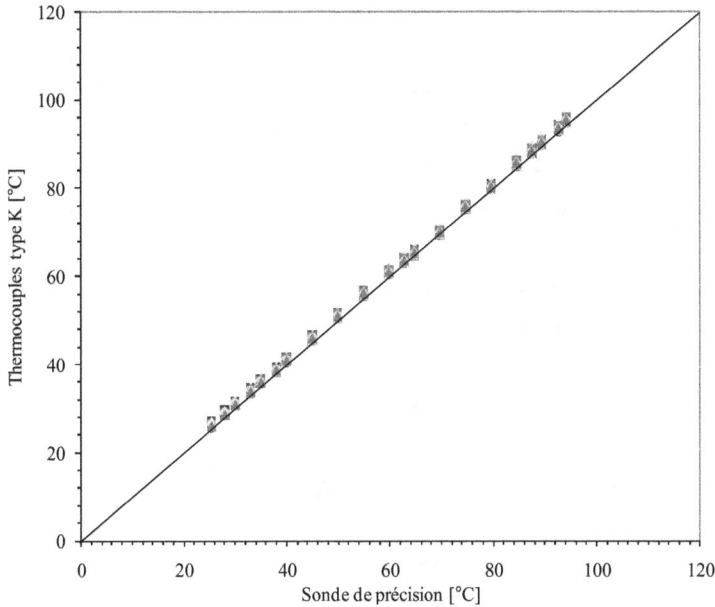

Figure II.31. Courbes d'étalonnage des thermocouples.

II.6- CONDITIONS D'EXPERIMENTATION ET MODE OPERATOIRE

Les essais sont réalisés dans le but de :

(i) déterminer les coefficients d'échange thermique locaux pour différents débits de la vapeur d'eau,

(ii) identifier les différents régimes d'écoulements en condensation dans le micro-canal,

(iii) mesurer et visualiser simultanément les températures de paroi et les structures de l'écoulement dans le micro-canal.

Durant l'ensemble des essais, l'écoulement de la vapeur et celui du film liquide sont en co-courant dans le micro-canal. L'écoulement de l'eau de refroidissement est en contre courant par rapport à celui de la vapeur d'eau. Les essais sont menés en régime permanent et transitoire. Avant chaque série d'essais, la chaudière est dégazée pendant quelques secondes pour enlever l'air qui est piégé à l'intérieur de son réservoir. Nous commençons par chauffer l'eau dans la chaudière à une puissance électrique de 950W pendant une durée comprise entre 20min et 30min. Une fois que l'eau devient chaude et qu'une vapeur d'eau apparaît dans la chaudière, la puissance est immédiatement réduite à 95W. Le but de chauffer à faible puissance est de pouvoir réduire les turbulences dans la chaudière et de maintenir une puissance et un débit de vapeur fourni constant. En même temps, le Cryostat-Polystat est mis en marche à une température de consigne sélectionnée (en générale entre 1°C à 20°C) et l'eau de refroidissement est envoyée en circulation. Le système d'acquisition de mesures est aussi activé afin que les températures internes dans les cartes d'acquisitions puissent atteindre une température d'équilibre. Le logiciel d'interface d'acquisition LABVIEW est démarré pour surveiller les températures et pressions sur le banc d'essais. Le débit d'eau de refroidissement est réglé grâce à une vanne de réglage et une vanne de retour). Avant de pouvoir exploiter cette vapeur fournie par la chaudière, cette dernière doit être alimentée électriquement pendant au moins 1h afin que la pression de la vapeur soit suffisante pour monter vers le micro-canal. Après ce temps, des résistances chauffantes sous formes de fils flexibles, entourant les conduites, sont mises en marche à une puissance de 40W pendant 10min puis à 75W. Une fois que ces résistances atteignent une température entre 100°C et 115°C, le surchauffeur est mis en marche, la vapeur d'eau est aussi mise en circulation vers un déviateur pendant 5min grâce à une vanne de déviation afin de vider l'air et l'eau stagnante dans le surchauffeur et aussi pour chauffer toute la tuyauterie. Cette vapeur est ensuite envoyée vers le micro-canal grâce à une vanne de circulation. Le régime est transitoire et une attente d'environ 1h est nécessaire pour atteindre le régime permanent. Une fois que le régime permanent est atteint, la caméra CCD est activée, le logiciel d'interface de visualisation et d'enregistrement GIGAVIEW est démarré. Les paramètres de visualisation sont réglés et les enregistrements simultanés entre LABVIEW est GIGAVIEW sont effectués en même temps sur les deux ordinateurs comportant chacun un de ces logiciels. Le débit de condensat est mesuré par pesée en récupérant dans un récipient le condensat formé et en chronométrant le temps de récupération de ce condensat. Chaque mesure est répétée au moins deux à trois fois pour confirmer les valeurs relevées. Ensuite, un seul paramètre est modifié à savoir : le débit d'eau de refroidissement, sa température ou le débit de la vapeur à l'entrée du microcanal.

Une attente de 30 à 45min est nécessaire pour que l'équilibre de l'écoulement et des transferts dans le microcanal soient établis. Ceci permet de confirmer l'effet de ce paramètre sur les phénomènes physiques étudiés (types d'écoulement, pression d'entrée, débit de vapeur condensée, températures moyennes et locales, coefficients d'échanges thermiques moyens et locaux, etc.).

II.6.1. Mesure des coefficients d'échange thermique

Pour chaque essai, les coefficients d'échange thermique locaux sont traités en régime permanent. Pour chaque abscisse x le long du micro-canal, le coefficient d'échange thermique local est calculé par l'équation suivante :

$$h_x = \frac{q_{channel,x}}{T_{s,x} - T_{sat,x}} \qquad (II.2)$$

$T_{s,x}$ représente la température de surface locale, $T_{sat,x}$ est la température de saturation déterminée localement à partir de la pression locale du fluide dans le micro-canal.

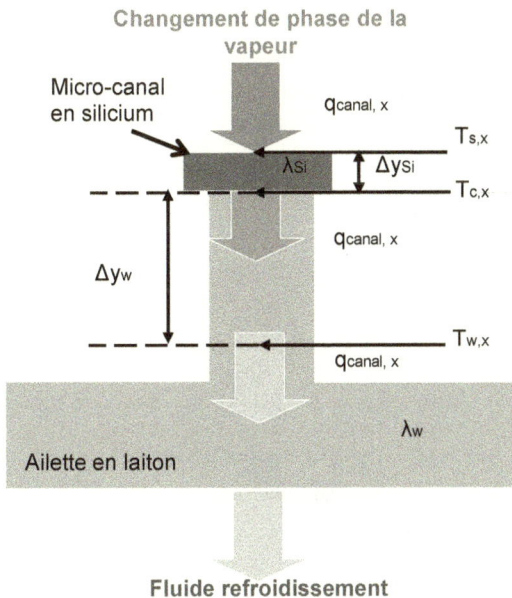

Figure II.32. Représentation 2D du transfert thermique

En effet, durant la condensation de la vapeur, le titre de la vapeur varie le long du micro-canal et par conséquent la chute de la pression varie tout au long du micro-canal. La variation de la pression le long du micro-canal est définie comme étant la somme de trois composantes : la pression de frottement, la pression d'accélération et la chute de pression due à la réduction soudaine de la section à l'entrée du micro-canal (à cause des connectiques d'alimentation en vapeur).

La température de surface et le flux de chaleur dépendent de la structure de l'écoulement des condensats et du transfert de chaleur par conduction au cœur de l'ailette en laiton qui est utilisée comme système de refroidissement. L'ailette en laiton est refroidie par convection forcée par de l'eau dont sa température à l'entrée et le débit massique sont contrôlés. Le flux de chaleur local désigné par $q_{channel, x}$ est alors donné par:

$$q_{channel,x} = \lambda_w \frac{T_{c,x} - T_{w,x}}{\Delta y_w} \qquad (II.3)$$

où λ_w est la conductivité thermique de l'ailette en laiton, $T_{c,x}$ est la température de la surface de contact entre la face supérieure de l'ailette en laiton et la partie inférieure du micro-canal en silicium, $T_{w,x}$ est la température mesurée à l'intérieur de l'ailette de refroidissement à 4,5 mm de la surface de contact, Δy_w est la distance entre les surfaces de contact et l'emplacement du thermocouple ($T_{w,x}$).

En supposant que le transfert de chaleur est monodimensionnel, la densité de flux de chaleur locale est également donnée par:

$$q_{channel,x} = \lambda_{Si} \frac{T_{s,x} - T_{c,x}}{\Delta y_{Si}} \qquad (II.4)$$

où λ_{Si} est la conductivité thermique du silicium, Δy_{Si} est la distance entre la température de la surface d'échange thermique ($T_{s,x}$) et la température des surfaces de contact ($T_{c,x}$). En utilisant les équations (II.3) et (II.4), l'équation suivante peut être écrite:

$$\frac{\lambda_{Si}}{\Delta y_{Si}} T_{s,x} + \frac{\lambda_w}{\Delta y_w} T_{w,x} = \frac{\lambda_w}{\Delta y_w} T_{c,x} + \frac{\lambda_{Si}}{\Delta y_{Si}} T_{c,x} \qquad (II.5)$$

Ensuite, la température de contact peut être déduite à partir de l'équation suivante :

$$T_{c,x} = \left(\frac{\lambda_{Si}}{\Delta y_{Si}} T_{s,x} + \frac{\lambda_w}{\Delta y_w} T_{w,x} \right) \left(\frac{\lambda_w}{\Delta y_w} + \frac{\lambda_{Si}}{\Delta y_{Si}} \right)^{-1} \qquad (II.6)$$

II.6.2. Détermination de la pression locale du fluide dans le micro-canal

Pour un écoulement diphasique, la pression locale dans le micro-canal peut être déterminée pour chaque abscisse x en appliquant l'équation suivante :

$$P_z = P_{ent} + \Delta P_{con} + \Delta P_{tp,x} \qquad (II.7)$$

P_{ent} est la pression de la vapeur mesurée avec le capteur de pression à l'entrée de la section d'essais. ΔP_{con} est la chute de pression résultante d'une contraction soudaine à l'entrée de la section d'essais à cause de la connexion du micro-canal avec le circuit extérieur. $\Delta P_{tp,x}$ est la chute de pression diphasique tout au long du micro-canal définie comme étant la somme de la pression de frottement et celle de mouvement. Nous avons calculé la chute de pression ΔP_{con} en utilisant l'équation proposée par Blevins (1992):

$$\Delta P_{con} = \frac{G^2}{2\rho_f} \left[1 - \left(\frac{A_{canal}}{A_{man}} \right)^2 + K_{con} \right] \qquad (II.8)$$

A_{canal} : la section du micro-canal, A_{man} : la section du connectique, G : flux massique total, ρ_f : la masse volumique. Le coefficient K_{con} peut être calculé à partir de l'équation suivante :

$$K_{con} = 0.0088\alpha^2 - 0.1785\alpha + 1.6027 \qquad (II.9)$$

Avec : α est le rapport d'aspect.

$\Delta P_{tp,x}$ est une chute de pression locale définie comme étant la somme de la chute de pression due aux frottements et celle due au mouvement du fluide.

$$\Delta P_{tp,x} = \left(\Delta P_{m,tp} + \Delta P_{frict,tp} \right)_x \qquad (II.10)$$

La chute de pression due au mouvement du fluide est estimée par l'équation établie par Quibén et al. (2009) :

$$\Delta P_{m,tp} = G^2 \left[\left(\frac{\left(1 - X_{v,x+\Delta x}\right)^2}{\rho_L \left(1 - \alpha_{x+\Delta x}\right)} + \frac{X_{v,x+\Delta x}^{\,2}}{\rho_v \alpha_{x+\Delta x}} \right) - \left(\frac{\left(1 - X_{v,x}\right)^2}{\rho_L \left(1 - \alpha_x\right)} + \frac{X_{v,x}^{\,2}}{\rho_v \alpha_x} \right) \right] \qquad (II.11)$$

Avec : α_z : le taux de vide calculé avec l'équation proposée par le modèle de Rouhani et Axelson (1970) :

$$\alpha_x = \frac{X_{v,x}}{\rho_v} \left\{ \left[1 + 0.2 \left(1 - X_{v,x}\right) \left(\frac{gD_h \rho_L^{\,2}}{G^2} \right)^{0.25} \right] \left(\frac{X_{v,x}}{\rho_v} + \frac{1 - X_{v,x}}{\rho_L} \right) + \right.$$

$$\left. \frac{1.18 \left(1 - X_{v,x}\right) \left[g\sigma\left(\rho_L - \rho_v\right) \right]^{0.25}}{G \rho_L^{\,0.25}} \right\}^{-1} \qquad (II.12)$$

La pression diphasique due aux frottements $\Delta P_{frict,tp}$ est définie par l'équation de Lockhart-Martinelli (1949) :

$$\phi_L^{\,2} = \frac{\left(dP/dx\right)_{frict,tp}}{\left(dP/dx\right)_f} \qquad (II.13)$$

Avec $\left(dP/dx\right)_f$ est la chute de pression en considérant que l'écoulement est monophasique (phase liquide). Elle est calculée par l'équation suivante :

$$\left(\frac{dP}{dx} \right)_f = 2 \frac{f_f}{D_h} \frac{G^2 \left(1 - X_{v,x}\right)^2}{\rho_f} \qquad (II.14)$$

Avec : f_f est le coefficient de frottement donné par l'équation de Wu and Cheng (2005) en considérant uniquement le liquide dans le canal.

$$f_f = \left(11.43 + 0.8\exp\left(2.67 W_b / W_t\right)\right)\frac{\mu_f}{GD_h} \qquad (II.15)$$

Pour un canal rectangulaire, $W_b = W_t$ équivalent à la largeur du canal. Le coefficient multiplicateur ϕ est défini par l'équation suivante :

$$\phi^2 = 1 + \frac{C}{\chi} + \frac{1}{\chi^2} \qquad (II.16)$$

Avec : χ est le parameter de Martinelli defini par :

$$\chi = \frac{(dP/dx)_f}{(dP/dx)_v} \qquad (II.17)$$

Le paramètre C est déterminé en utilisant la corrélation de Quan et al. (2008) qui est définie pour la condensation de la vapeur d'eau dans un micro-canal:

$$C = 0.168\,Bo^{0.265}\,Re_f^{0.337}\,Su^{-0.041} \qquad (II.18)$$

Avec $Bo = \left(\rho_f - \rho_v\right)g\,D_h^{\,2}/\sigma$ est le nombre de Bond, $Re_f = \dfrac{GD_h}{\mu_f}$ est le nombre de Reynolds liquide, et $Su = \dfrac{\mu_f^{\,2}}{\rho_f D_h \sigma}$ est le nombre de Suratman.

II.6.3. Visualisation des structures d'écoulements dans le micro-canal

La visualisation des structures d'écoulement dans le micro-canal est conduite dans le but d'identifier les différents modes d'écoulement en condensation dans un canal à micro échelle. La visualisation par une caméra rapide est le moyen le plus approprié pour étudier l'hydrodynamique des écoulements diphasique en micro-canaux. La visualisation doit permettre d'accéder à des résultats quantitatifs tels que l'interface vapeur-liquide (contour des bulles), l'étendue des régimes d'écoulement dans le capillaire, et les vitesses instantanées et locales des bulles.

La visualisation de différents écoulements est effectuée en plaçant une caméra rapide perpendiculairement à la section d'essais comme le montre la figure II.32. On a utilisé une caméra rapide CCD GIGA VIEW 1280x1024 et pouvant capturer de 50 à 16000 images/seconde. La caméra est reliée à un micro-ordinateur par une interface Ethernet pour une transmission rapide des données. Un logiciel, fournit avec la caméra, permet d'enregistrer, de visualiser et de traiter les différentes images. Un système d'éclairage a été réalisé pour améliorer la résolution grâce à une source de lumière froide SCHOTT KL-2500 LCD reliée à un conducteur de lumière semi-rigide SCHOTT possédant deux bras de 4.5 mm de diamètre et de 600 mm de long chacun.

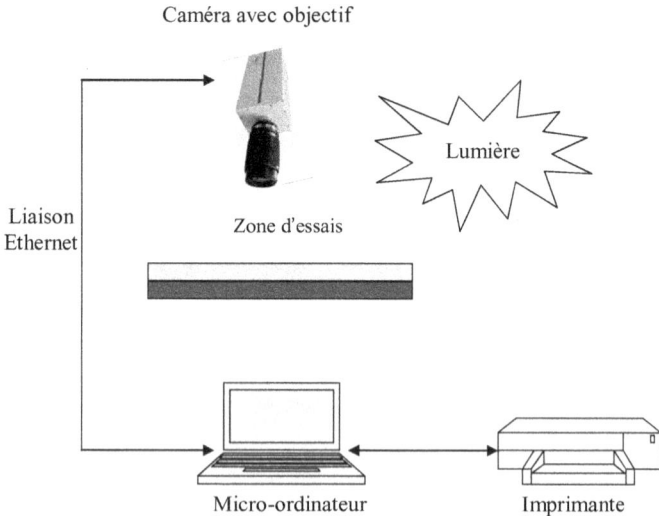

Figure II.33. Procédure de visualisation des écoulements.

II.7. CONCLUSIONS

Le dispositif expérimental présenté dans ce chapitre est réalisé dans le respect des contraintes techniques et technologiques, de manière à permettre l'étude des différents régimes d'écoulement et la détermination du transfert thermique locale en condensation dans le micro-canal. Tout le banc d'essais a été réalisé pièce par pièce tout au long de la thèse en recherchant des équipements et des matériaux pouvant répondre à nos attentes. Une connaissance des techniques de microfabrication était nécessaire pour la réalisation des micro-canaux, des micro-rainures et des microstructures dans le silicium, des trous d'alimentation et de micro-canaux sur verre. La fabrication des microthermocouples et leur étalonnage ont permit d'obtenir une meilleure précision lors des mesures thermiques. Un programme sur Labview a été conçu pour pouvoir visualiser et enregistrer les mesures d'acquisition. La compréhension du choix des objectifs de caméra et du logiciel Gigaview est primordiale pour pouvoir sélectionner les paramètres optimaux pour obtenir la meilleure résolution et pouvoir enregistrer les images vidéo. L'exploitation de toutes ces données sera dévoilée dans les chapitres suivants.

CHAPITRE III :

RESULTATS EXPERIMENTAUX :
ANALYSE DES STRUCTURES D'ECOULEMENTS
IDENTIFIEES

III.

RESULTATS EXPERIMENTAUX : ANALYSE DES STRUCTURES D'ECOULEMENTS IDENTIFIEES

Dans ce chapitre, nous présentons des résultats expérimentaux analysés par traitements d'images. La première partie identifie les différentes structures d'écoulements en condensation et montre les structures d'écoulement les plus présentes dans le micro-canal. La deuxième partie développe l'analyse d'écoulements à bulles et à bouchons où on présente la procédure de détermination de la vitesse et de la fréquence des bulles dans le micro-canal. L'influence de la taille du micro-canal, de la puissance de refroidissement, du phénomène de coalescence des bulles est traitée. La troisième partie de ce chapitre est consacrée à l'étude de l'écoulement annulaire avec production de bulles. Les cycles d'écoulement, les parcours des bulles et leurs périodes d'éjection durant le cycle, l'influence de la vitesse massique total sur la structure de l'écoulement sont présentés. L'effet de la structuration de la surface d'échange sur les différentes structures d'écoulement en condensation est présenté en dernière partie de ce chapitre.

III. 1. DIFFERENTES STRUCTURES D'ECOULEMENT IDENTIFIEES EN CONDENSATION

Au cours des essais, nous avons visualisé et enregistré des images vidéo des écoulements grâce à une caméra CCD. Les fréquences que nous avons utilisées varient de 1000 images/seconde à 4000 images/seconde selon le type d'écoulement et la taille du micro-canal. Le traitement des images est effectué avec un logiciel de traitement d'images (MATROX INSPECTOR 8). Le traitement des images débute généralement par un réglage des paramètres de calibrage afin de convertir les pixels en µm. Nous avons utilisé la même procédure de traitement des images pour caractériser les écoulements à bulles et bouchons et aussi, les écoulements annulaires avec une production de bulles isolées.

En général, la structure de l'écoulement en condensation dans un micro-canal est influencée par la puissance de refroidissement, la vitesse massique de la vapeur à l'entrée du micro-canal et son diamètre hydraulique. L'augmentation du taux de condensation de la vapeur dans le micro-canal entraine l'accroissement des instabilités hydrodynamiques et la formation de bouchons liquides affectant ainsi les transferts de masse et de chaleur. Le taux de condensation affecte la structure de l'écoulement en introduisant une variation locale de la pression et de la température du fluide à l'intérieur du micro-canal. La diminution du diamètre hydraulique du micro-canal contribue à l'augmentation des forces de tension superficielle qui influence la structure de l'écoulement diphasique dans le micro-canal. L'interface liquide-vapeur dans le micro-canal est gouvernée par les forces de mouvement, de tension de surface, d'inertie et de viscosité. Les effets de ces forces peuvent être mis en évidence dans le cas des écoulements diphasiques en utilisant des nombres adimensionnels tels que : (i) le nombre de Webber représentant le rapport entre les forces d'inertie et de tension de surface, (ii) le nombre capillaire défini par le rapport entre les forces de viscosité et de tension de surface, et (iii) le nombre de Reynolds défini comme étant le rapport entre les forces d'inertie et de viscosité. Le nombre de confinement est introduit par Cornewell and Kew [1993] comme critère pour quantifier l'effet du diamètre du micro-canal sur la structure de l'écoulement diphasique. Il est défini par le rapport entre les forces de tension de surface et les forces de gravité. Dans notre cas, le nombre de confinement est égal à 6,73 pour le micro-canal de diamètre hydraulique 410,5 µm et à 9,06 pour celui de diamètre hydraulique 305 µm. En augmentant le nombre de confinement, les forces de tension de surface augmentent et deviennent prédominantes par rapport aux forces de gravité ; ce qui rend la forme du ménisque sphérique dans le micro-canal.

Nous avons mené plusieures expériences sur la visualisation des régimes d'écoulement en condensation dans un micro-canal en faisant varier la puissance de refroidissement, la vitesse massique de la vapeur à l'entrée du micro-canal ainsi que sa pression. Tous ces paramètres jouent un rôle important sur le taux de condensation ; sachant que l'amplification du taux de condensation augmente la température de la surface d'échange et affecte la structure de l'écoulement diphasique. La figure III.1 montre les différentes structures de l'écoulement de vapeur d'eau en condensation dans le micro-canal de diamètre hydraulique 410,5 µm. L'écoulement de la vapeur est de gauche vers la droite. Celui du fluide de refroidissement est de droite vers la gauche. Six structures d'écoulement en condensation sont identifiées à l'intérieur du micro-canal : condensation à brouillard, écoulement oscillatoire, écoulement annulaire, écoulement à bulles allongées et à bouchons liquides, écoulement à anneaux liquides, et l'écoulement annulaire avec production continue de bulles de vapeur.

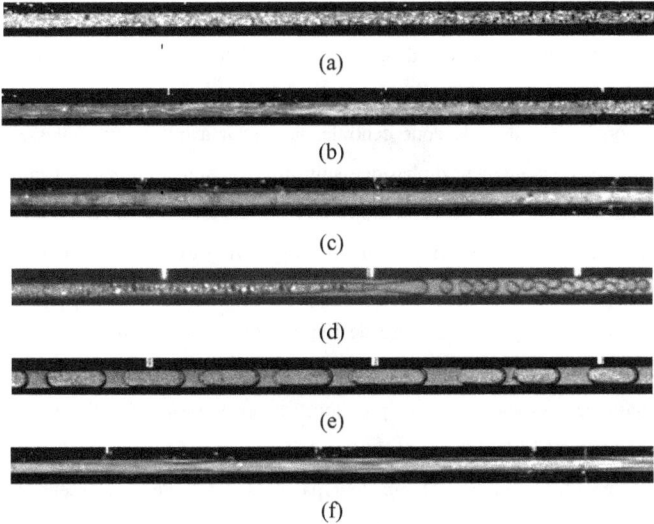

(a)

(b)

(c)

(d)

(e)

(f)

Figure III.1: Différentes structures d'écoulements diphasiques dans un micro-canal silicium de $D_h = 410\,\mu m$: (a) condensation à brouillard, (b) écoulement oscillatoire /écoulement à brouillard, (c) écoulement annulaire, (d) écoulement annulaire avec production continue de bulles, (e) écoulement à bulles allongées et à bouchons liquides, (f) écoulement à anneaux liquides.

Comme le montre la figure III.1a, la condensation à brouillard en micro-canal est constituée par des microgouttelettes d'eau dispersées dans tout le volume du micro-canal. Ces microgouttelettes sont de tailles plus petites proche de l'entrée du micro-canal qu'à proximité de la sortie du micro-canal à cause de l'accumulation de microgouttelettes dans cette zone et de présence probable de phénomène de coalescence qui s'amplifie le long du micro-canal. La figure III.1b montre l'image d'un écoulement annulaire oscillatoire observé généralement après la condensation en microgouttelettes. La figure III.1c présente une image de l'écoulement annulaire qui occupe le micro-canal à très haute forces de frottement interfaciales et d'inertie. Des vagues peuvent se former au niveau de l'interface liquide-vapeur et par conséquent, l'écoulement devient un écoulement annulaire à vagues. L'amplitude de ces vagues augmente au cours du temps causant ainsi l'étranglement de l'écoulement central de la vapeur et l'éjection de bulles qui parcourent le micro-canal en s'orientant vers la sortie.

Au cours des expériences, nous avons remarqué que l'écoulement oscillatoire de la vapeur se situe généralement entre un écoulement annulaire situé à son aval et un écoulement à microgouttelettes discrètes dispersées dans la vapeur situé en amont de l'écoulement oscillatoire. En effet, la coalescence de ces microgouttelettes augmente la fraction de liquide contenue dans l'écoulement diphasique et accélère l'écoulement des deux phases liquide et vapeur. Par conséquent, dans la zone centrale, la vapeur à très grande vitesse entraîne le microfilm liquide. L'écoulement diphasique suit un sens oscillatoire suivant la longueur du micro-canal qui tend vers une concentration totale de la vapeur au centre du canal sous une forme cylindrique : c'est l'écoulement annulaire (figure III.1.c). La figure III.1.d présente un exemple d'image vidéo de l'écoulement annulaire avec production continue de bulles. De nombreuses bulles sont éjectées à cause de l'étranglement de l'écoulement annulaire et se dispersent après leur éjection dans le liquide en aval du micro-canal. L'éjection de chaque bulle est contrôlée par les forces de pression, de tension superficielle et de frottement interfacial. La taille et la forme des bulles produites sont variables et les bulles sphériques sont produites en grand nombre. Durant leur parcours, les bulles coalescent entre elles et forment des bulles allongées de grandes tailles. Ces bulles peuvent contribuer à augmenter la pression en sortie du micro-canal. Ceci, repousse l'écoulement annulaire vers l'entrée du micro-canal et réduit considérablement sa longueur. Par conséquent, l'écoulement à bulles allongées séparées par des bouchons liquides occupe toute la longueur du micro-canal comme le montre la figure III.1e. La taille des bulles peut être augmentée en réduisant la vitesse d'entrée de la vapeur dans le micro-canal ou en augmentant les flux de refroidissement. La taille des bouchons liquides dépend du taux de condensation à l'interface des bulles.

Comme le montre la figure III.1.f, une nouvelle structure d'écoulement en condensation est identifiée durant les tests dans lequel le liquide est formé autour de la vapeur sous la forme présentée par la figure III.1.f. Cet écoulement a été identifié par Feng and Serizawa (2000) dans le cas d'écoulements adiabatique en micro-canal et appelé 'liquid ring flow'. Il a été observé durant nos essais comme une transition entre l'écoulement annulaire et celui à bulles allongées séparées par des bouchons liquides. Dans cette structure d'écoulement, les forces d'inertie du fluide deviennent suffisamment grandes par rapport aux forces capillaires pour former un écoulement vapeur continu et pousser le liquide contre les parois.

III. 2. LES STRUCTURES D'ECOULEMENT LES PLUS PRESENTES EN CONDENSATION DANS LE MICRO-CANAL

En général, il existe deux types de structures d'écoulements en condensation qui sont très présentes dans le micro-canal. La figure III.2 présente les images vidéo de ces deux structures d'écoulement: la première concerne un écoulement en condensation constitué de microgouttelettes/annulaire/bouchons liquides, le second concerne un écoulement en condensation à bulles allongées et à bouchons liquides. Ces images sont obtenues pour la condensation de la vapeur d'eau dans le micro-canal de diamètre hydraulique 410,5µm. Le sens de l'écoulement de la vapeur et du condensat est de la gauche vers la droite. L'eau de refroidissement circule en sens inverse de celui de la vapeur à l'intérieur du micro-canal. La figure III.2a présente des images d'écoulement obtenues dans le micro-canal pour un débit total de 104 kg/m²s. Celles obtenues pour une vitesse massique de 50 kg/m²s sont présentées par la figure III.2b.

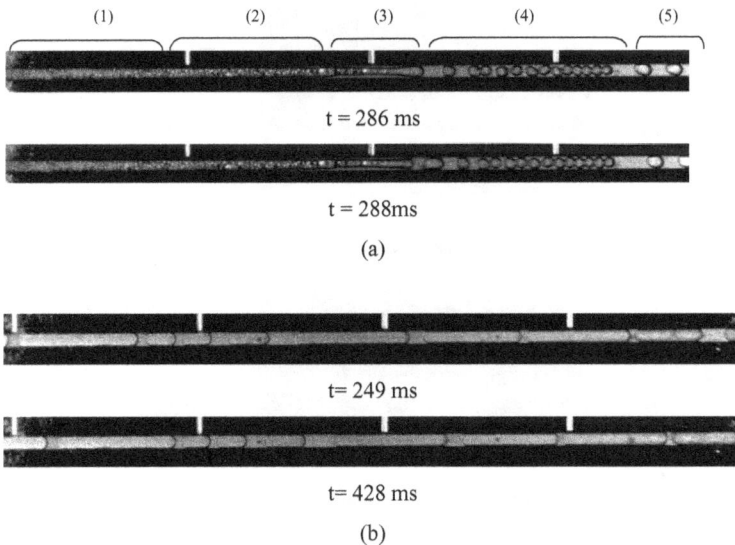

Figure III.2. Exemple de structures d'écoulement en condensation: (a) microgouttelettes/annulaire/bulles vapeurs et bouchons liquides à 104 kg/m²s, (b) bulles allongées/bouchons liquides à 50 kg/m²s.

Comme le montre la figure III.2a, la structure de l'écoulement en condensation dans le micro-canal n'est pas la même tout au long du micro-canal. Dans la zone 1 située proche de l'entrée du micro-canal, lors de la condensation de la vapeur, des microgouttelettes dispersées dans la vapeur sont entraînées par cette dernière. Ces microgouttelettes sont formées par le processus de condensation et aussi sous l'effet des forces de frottement entre l'écoulement de la vapeur et celui du film liquide. Le film liquide s'épaissit et sa surface devient instable. Après cette zone, les microgouttelettes collapsent entre elles et leurs tailles augmentent comme le montre l'écoulement dans la zone 2. La figure III.2a montre les microgouttelettes en blanc brillant dans la zone 2. Les microgouttelettes occupent une part importante de la section du micro-canal. Dans cette zone, l'écoulement de la vapeur est probablement amorti car la densité des microgouttelettes est 1000 fois supérieure à celle de la vapeur. Par conséquent, un microfilm liquide apparait sur la surface d'échange sous l'effet de la condensation de la vapeur et l'écoulement de la vapeur en condensation devient annulaire comme le montre la zone 3 de la figure III.2a. La figure III.3 montre un grossissement de zone de formation de vagues interfaciales résultantes des instabilités hydrodynamiques à l'interface liquide-vapeur.

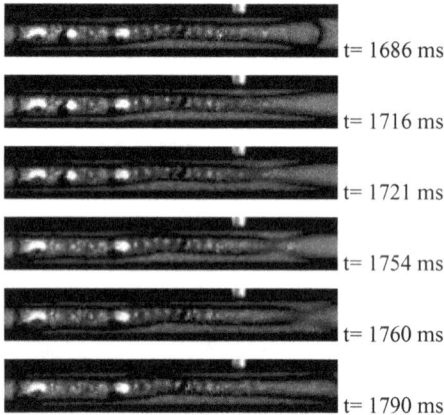

Figure III.3. Exemple de zone de formation de vagues interfaciales au cours du temps. Vitesse massique totale de la vapeur 75 kg/m^{2}s à $T_{e,vap}$=108°C et $P_{e,vap}$=114 kPa.

Ces vagues naissent à cause de la différence de vitesses liquide et vapeur qui survient au niveau de l'interface liquide-vapeur (instabilité de Kelvin-Helmotz). Il faut noter que pour les micro-canaux dont le diamètre hydraulique est inférieur à la longueur capillaire, les forces de tension de surface sont très prononcées. Dans notre cas, la longueur capillaire est de 2,7 mm. L'amplitude des vagues augmente durant le temps causant ainsi la cassure de l'écoulement de la vapeur comme expliqué précédemment. En accord avec l'étude de Du et Wang (2003), l'amplitude des vagues interfaciales refermant le condensat augmente à cause des forces d'aspiration présentes sur la montée de la vague. Cette force d'aspiration augmente à cause du pincement de la phase vapeur et du rétrécissement de la section de passage. Les forces capillaires suivant la direction axiale à la vague contribuent à l'augmentation de la courbure de la vague. La vitesse d'augmentation de l'amplitude des vagues interfaciales est liée à celle d'éjection de bulles en aval de l'écoulement de la vapeur. Avant chaque détachement de bulles, la surface de l'écoulement de la vapeur situé en aval de l'écoulement annulaire a une forme sphérique qui augmente au cours du temps comme le montre la figure III.4. Ces images sont obtenues pour une vitesse massique total de vapeur de 75 kg/m^{2}s, une température d'entrée Te$_{vap}$=108°C et une pression d'entrée de 114 kPa.

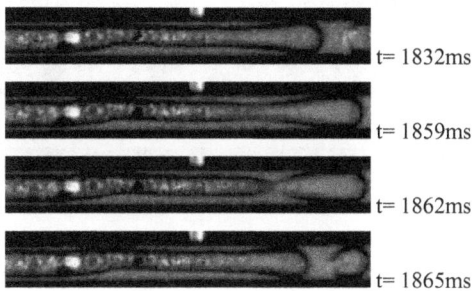

t= 1832ms

t= 1859ms

t= 1862ms

t= 1865ms

Figure III.4. Zone de détachement de bulles

La figure III.2a montre deux autres zones situées vers la sortie du micro-canal où l'écoulement est constitué par de bulles de différentes tailles. Dans la zone 4, l'écoulement en condensation est constitué de bulles sphériques et dans la seconde zone (zone 5), certaines bulles coalescent entre elles et forment des bulles de grandes tailles, confinées dans le micro-canal. Après leur détachement, les bulles sont gouvernées durant leur déplacement par les forces de frottement à l'interface liquide-vapeur. Il est à noter que l'effet des forces de tension de surface est plus prononcé pour les micro-canaux à section rectangulaire que pour ceux à section circulaire, car dans le premier cas le liquide est piégé dans les coins du micro-canal.

La figure III.2b montre la seconde structure de l'écoulement en condensation identifiée dans le micro-canal de diamètre hydraulique 410,5 µm et obtenue en réduisant la vitesse massique de la vapeur à l'entrée du micro-canal. Cette structure est constituée par un écoulement de bulles de vapeur dans du liquide remplissant le micro-canal. Chaque bulle de vapeur est entourée par un microfilm liquide qui la sépare de la paroi du micro-canal. A partir des images obtenues, on remarque que les bulles de la vapeur occupent une grande part de la section du micro-canal. Cet écoulement à bulles et bouchons est l'un des écoulements de base généralement étudié par plusieurs auteurs dans le cas de l'évaporation ou d'écoulements diphasiques adiabatiques (B. Agostini et al. 2005, Rémi Revellin et al. 2006-2007, K. Mishima et al. 1996). En général, l'augmentation de la vitesse d'entrée de la vapeur dans le micro-canal favorise le rapprochement des bulles entre elles et le déplacement d'une partie du liquide vers l'arrière des bulles comme le montre la figure III.5. Ceci favorise la coalescence des bulles et la formation d'un écoulement de vapeur continu localisé au centre du micro-canal.

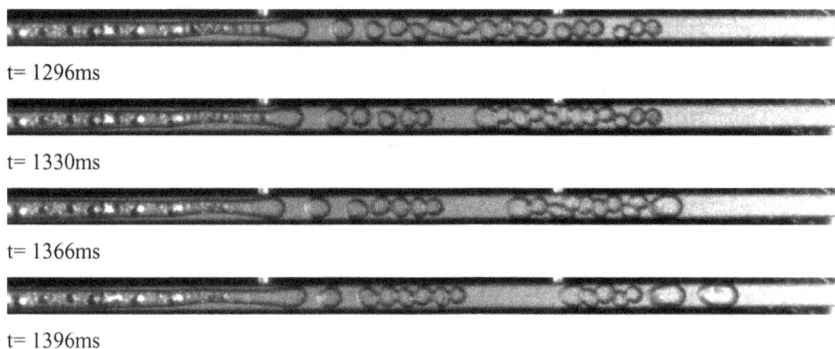

t= 1296ms

t= 1330ms

t= 1366ms

t= 1396ms

Figure III.5. Rapprochement des bulles provoquant la coalescence.

III. 3. ANALYSE D'ECOULEMENTS A BULLES ET BOUCHONS LIQUIDES

III.3.1. Procédure de détermination de la vitesse et de la fréquence des bulles

La fréquence d'entrée de chaque couple bulle/bouchon liquide est déterminée en utilisant une procédure de traitement d'image mise au point dans le cadre de ce travail de thèse. Les images sont traitées afin de déterminer la durée d'apparition de chaque couple bulle/bouchon liquide à l'entrée du micro-canal. La figure III.6 présente un exemple d'images vidéo montrant la mesure de la longueur et le temps d'entrée du couple bulle/bouchon en entier dans le micro-canal. A l'instant t=t_0, la position du côté frontal de la bulle est repérée par Z_b comme le montre la figure III.6a. Au moment où la frontière à l'arrière du bouchon liquide apparaît à l'entrée du canal au même emplacement que celui du côté amont de la bulle ($Z=Z_b$), on note le temps correspondant par t_f (figure III.6b). Dans ce cas, la fréquence d'entrée du couple bulle/bouchon liquide est calculée comme suit :

$$f_{b-s} = \frac{1}{t_f - t_o} \tag{III.1}$$

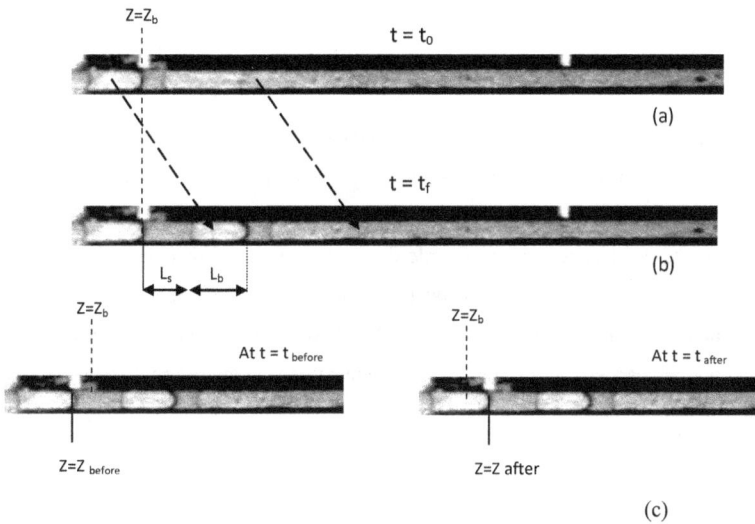

Figure III.6: Ecoulement à bulles de vapeur allongées/bouchons liquides: (a) image à t=t_0, (b) image à t=t_f, (c) processus d'interpolation linéaire.

La longueur (L_{b-s}) de chaque paire bulle/bouchon liquide est mesurée suivant l'axe central du micro-canal. L_{b-s} est la somme de la longueur L_b de la bulle et de la longueur L_s du bouchon liquide comme le montre la figure III.6b. La vitesse de la bulle avec bouchon liquide à l'entrée du canal est déduite de la fréquence paire f_{b-s} et de la longueur L_{b-s} comme suit :

$$U_{b-s} = f_{b-s} \, L_{b-s} \tag{III.2}$$

Dans le cas particulier où le côté arrière du bouchon liquide n'atteint pas exactement $Z=Z_b$, alors une interpolation linéaire est appliquée pour calculer le temps t_f correspondant à $Z=Z_b$. Dans ce cas, le temps correspondant aux positions du bouchon liquide Z_{avant} et $Z_{après}$ situées avant et après $Z=Z_b$ est repéré par t_{avant} et $t_{après}$ comme le montre la figure III.6c. Le temps t_f correspondant à $Z=Z_b$ est déterminé par interpolation linéaire.

$$t_f = t_{after} - \frac{t_{after} - t_{before}}{Z_{after} - Z_{before}}(Z_{after} - Z_b) \tag{III.3}$$

III.3.2. Fréquence et vitesse d'entrée du couple bulle/bouchon liquide

La figure III.7 montre un exemple d'images vidéo d'écoulement bulles/bouchons obtenues à l'intérieur du micro-canal de diamètre hydraulique de 410,5 µm. La pression de la vapeur à l'entrée est de 100,7 kPa. La température d'entrée de la vapeur dans le micro-canal est de 101,8°C. La vitesse massique totale du fluide diphasique dans le micro-canal est de 22 kg/m²s. L'écoulement à l'intérieur du micro-canal et celui du fluide de refroidissement sont en contre courant. La pression à la sortie du micro-canal est maintenue constante et égale à la pression atmosphérique. Le sens de l'écoulement dans le micro-canal est de gauche vers la droite.

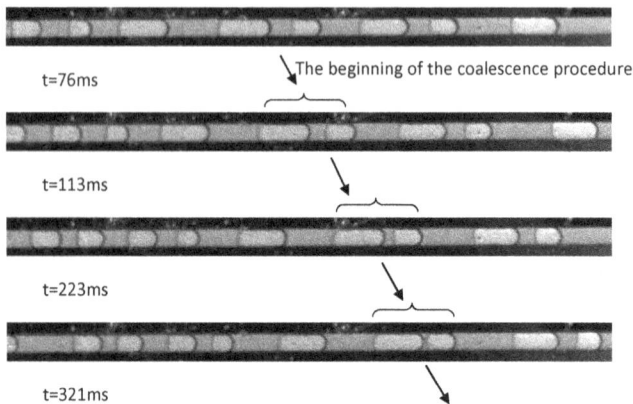

t=76ms The beginning of the coalescence procedure

t=113ms

t=223ms

t=321ms

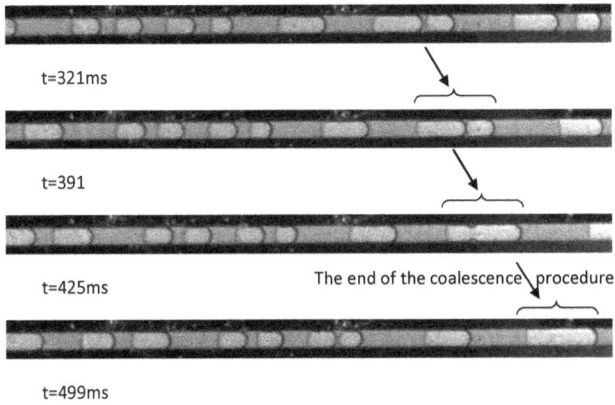

t=321ms

t=391

t=425ms   The end of the coalescence procedure

t=499ms

Figure III.7: Images vidéo d'écoulement à bulles et bouchons liquides.

Fréquence bulle/bouchon liquide [Hz]

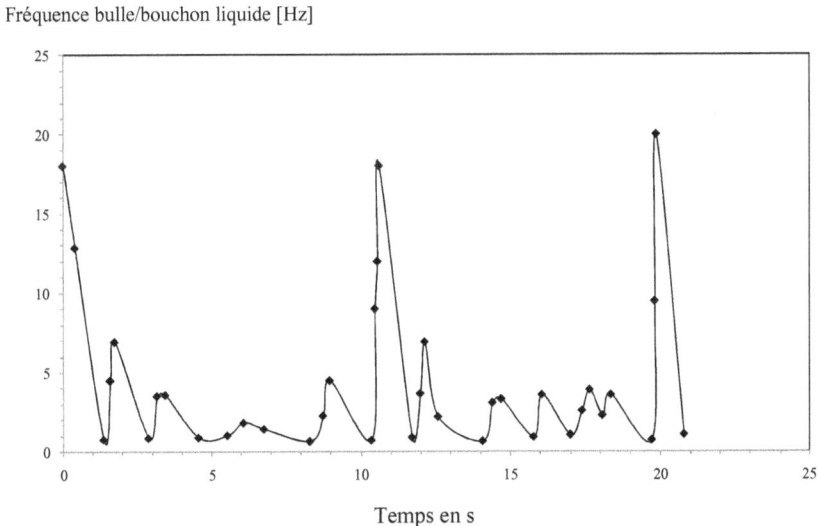

Temps en s

Figure III.8: Cycle de l'écoulement bulles de vapeur allongées/bouchons liquides.

La figure III.8 montre la variation de la fréquence d'entrée de chaque couple bulle/bouchon liquide en fonction du temps. On remarque que l'évolution de la fréquence est cyclique et que la période de chaque cycle est d'environ 10 s. Les bulles et les bouchons liquide ont des tailles différentes tout au long du micro-canal. La figure III.9 montre l'effet de la taille des bulles (L_b) et des bouchons liquides (L_s) sur leurs fréquences respectives (f_b et f_s). Dans cette figure, les fréquences d'entrée de chaque bulle ainsi que chaque bouchon liquide sont déterminées en adoptant la même procédure décrite précédemment pour le cas du couple bulle/bouchons liquide. La figure III.9 montre que la fréquence augmente en réduisant la taille des bulles et des bouchons liquides.

Taille du couple bulle/bouchon liquide [µm]

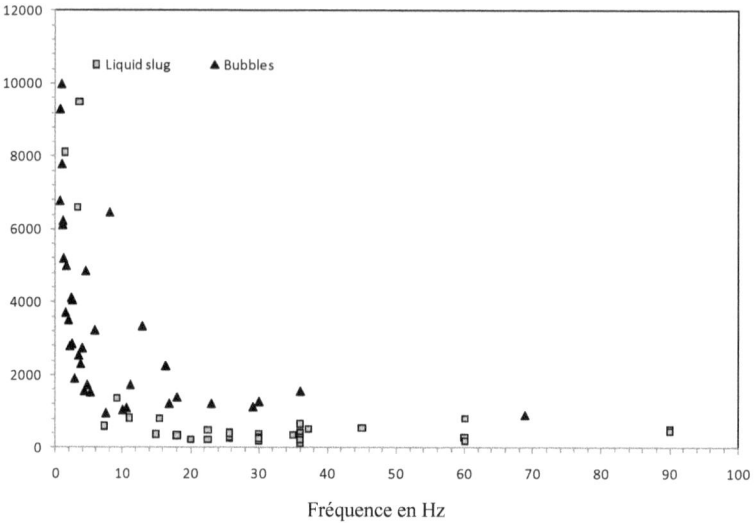

Figure III.9: Taille des bulles et bouchons liquides en fonction de la fréquence.

La vitesse instantanée de chaque bulle et celle de chaque bouchon liquide à l'entrée du micro-canal sont déterminées en multipliant leurs tailles par leurs fréquences. La figure III.10 présente la vitesse instantanée des bulles et des bouchons et confirme que l'écoulement est cyclique d'une période équivalente à 10 secondes. Les vitesses d'entrée des bulles et des bouchons sont équivalentes. La vitesse instantanée est variable à cause de la structure de l'écoulement diphasique. En effet, lorsque les bulles et les bouchons liquides ont des vitesses faibles dans le micro-canal, ils tendent à bloquer la vapeur entrante dans le micro-canal durant un très court laps de temps. Ceci entraîne une augmentation de la pression de l'écoulement proche de l'entrée du micro-canal. Par conséquent, une augmentation de la vitesse des bulles et des bouchons liquides à l'entrée du micro-canal est constatée.

Vitesse d'entrée en m/s

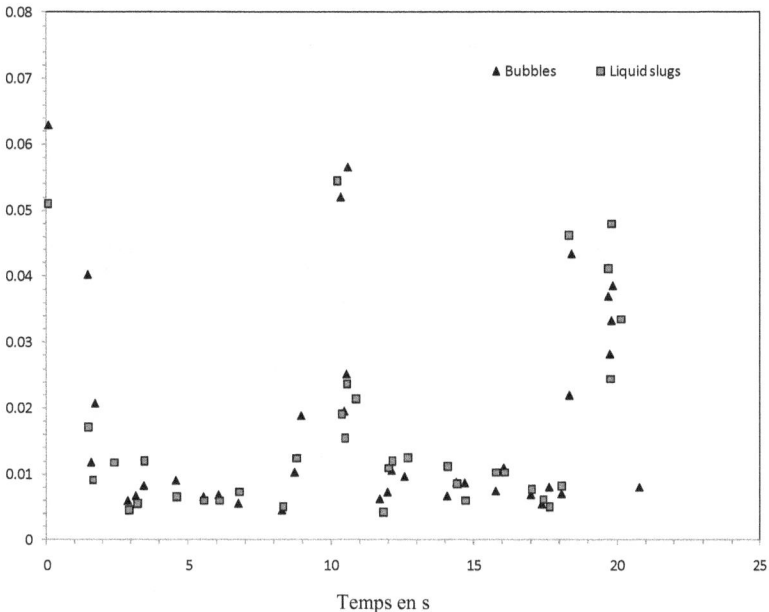

Temps en s

Figure III.10: Vitesse instantanée d'entrée de la bulle et du bouchon liquide

III.3.3. Vitesse de parcours des bulles dans le micro-canal

La figure III.11 présente un exemple d'images vidéo obtenues pour l'écoulement à bouchons pour une température de saturation de 108°C et une pression de la vapeur à l'entrée de 1,4 bar. Le diamètre du micro-canal est de 410,5µm. La figure III.12 présente le parcours temporel de sept bulles dans le micro-canal obtenu par traitement d'images vidéo de l'écoulement. On constate que toutes les bulles ont le même parcours et que la pente du parcours change à un instant t approximativement égale à 450 ms. Ceci induit forcément un changement de vitesse des bulles à ce même instant. Aussi, nous pouvons constater qu'à chaque instant, toutes les bulles dans le micro-canal se déplacent probablement à la même vitesse qui varie au cours du temps. Ceci peut être confirmé en calculant la vitesse de parcours de chaque bulle dans le micro-canal.

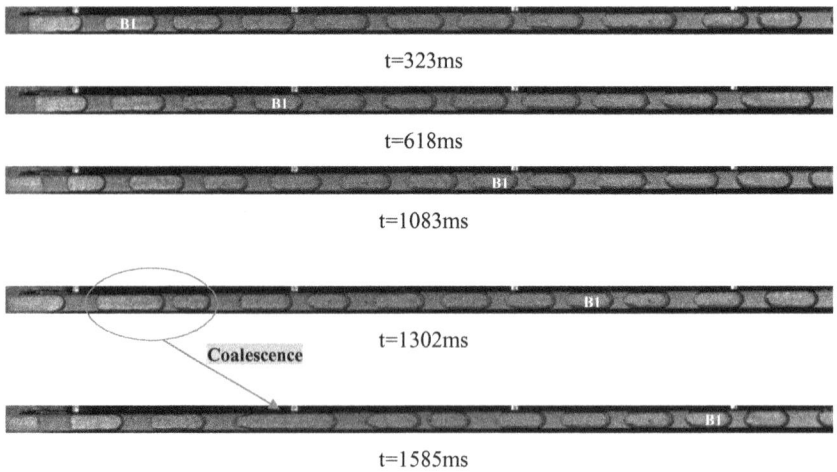

t=323ms

t=618ms

t=1083ms

t=1302ms

Coalescence

t=1585ms

Figure III.11 : Procédure de détermination de la vitesse de déplacement des bulles.

Parcours des bulles [μm]

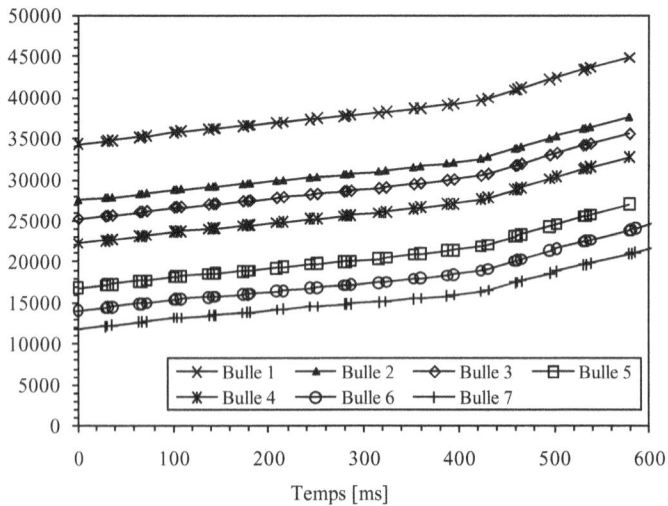

Temps [ms]

Figure III.12 : Ecoulement à bouchons : parcours des bulles dans le micro-canal.

La vitesse des bulles représente la dérivée de leurs parcours par rapport au temps. Pour chaque instant, la vitesse de chaque bulle est calculée par le rapport de la variation de son déplacement divisée par le pas du temps correspondant. En effet, pour chaque bulle, le déplacement des pointes axiales de ses frontières avant et arrière (Z_{avant} et $Z_{arrière}$) est déterminé au cours du temps. La figure III.13 montre une image vidéo présentant des bulles dans le micro-canal et les positions de leurs frontières dans le micro-canal à un instant donné. Pour chaque bulle, la vitesse de son déplacement dans le micro-canal correspondant à un instant t est déduite de l'équation suivante :

$$U_b = \frac{\Delta(Z_{front} + Z_{back})}{2\,\Delta t} \tag{III.4}$$

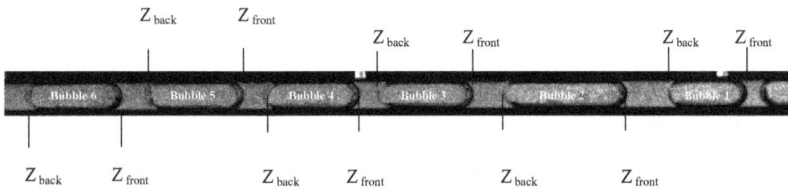

Figure III.13: Exemple d'une image vidéo de six bulles traversant le micro-canal

Vitesse axiale des bulles [m/s]

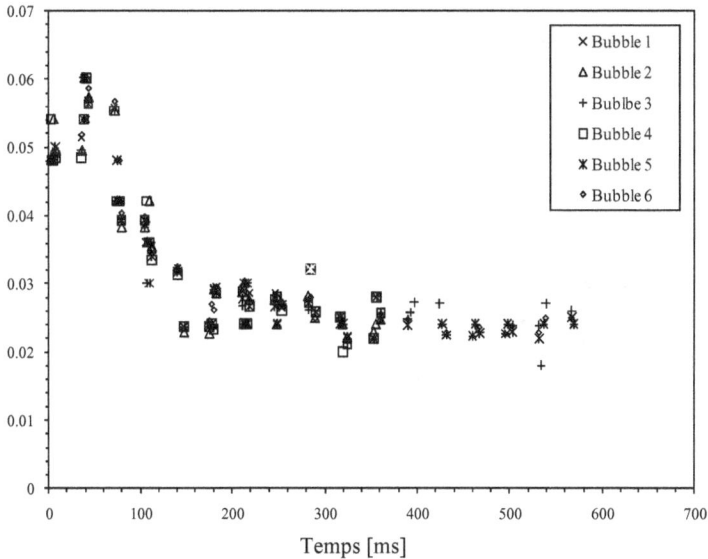

Temps [ms]

Figure III.14: Vitesse axiale de déplacement de chaque bulle dans le micro-canal.

La figure III.14 présente la vitesse axiale de déplacement de chaque bulle dans le micro-canal en fonction du temps. Cette vitesse passe par un maximum et diminue au cours du temps. A chaque instant, toutes les bulles dans le micro-canal ont la même vitesse. La taille du liquide séparant les bulles a une très faible variation au cours de son parcours dans le micro-canal. Elle est comprise entre 800 et 900 µm. Toutes les bulles traitées dans cet exemple ont différentes tailles comprises entre 2000 µm et 4500 µm. La figure III.15 présente le parcours et la vitesse d'une bulle (la bulle 7) unique qu'on a suivi de l'entrée jusqu'à la sortie du micro-canal. Les mêmes allures de vitesse et du parcours présentées en figure III.15 sont obtenues pour les autres bulles. La vitesse de la bulle a une allure variable au cours du temps car elle est fortement influencée par la fréquence de sortie des bulles et des bouchons. Aussi, nous avons constaté que la diminution de la vitesse de la bulle présentée dans la figure III.15 est due à la phase de départ d'un bouchon liquide du micro-canal qui dure environ 260 ms et qui quitte complètement le micro-canal à t=900ms approximativement. En effet, dès que le bouchons liquide débute sa sortie du micro-canal ; il bouche la sortie du micro-canal et augmente une résistance qui s'oppose à l'arrivée d'autres bulles dans le micro-canal. Aussitôt que la sortie du micro-canal est vide, aussitôt la vitesse des bulles ré-augmente et le cycle recommence.

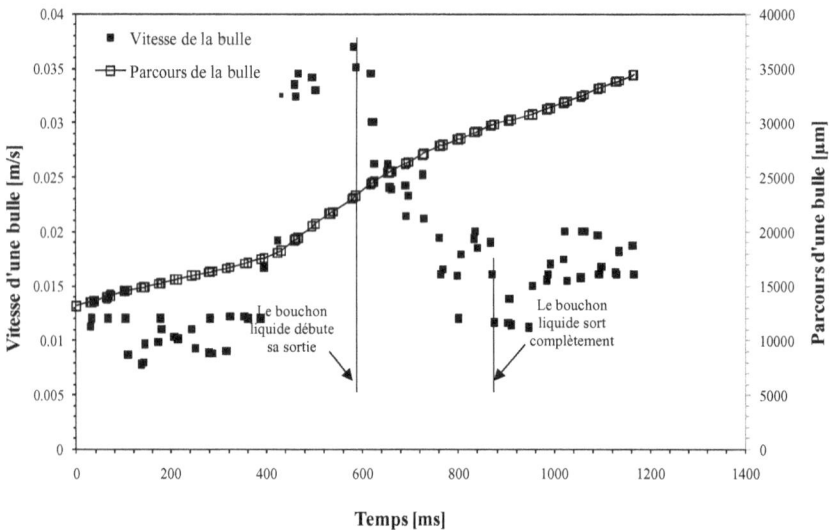

Figure III.15 : Ecoulement à bouchons : vitesse et parcours de la bulle 7.

III.3.4. Influence de la taille du micro-canal sur la vitesse de parcours des bulles dans le micro-canal

La figure III.16 montre que la vitesse de parcours des bulles dans le micro-canal suit la même tendance pour les deux diamètres hydrauliques testés (D_h=410,5 µm ou D_h=305 µm). Pour le micro-canal de diamètre hydraulique 305µm, l'écoulement à bulles/bouchons liquides est obtenu pour une pression d'entrée de la vapeur de 101 kPa et une température d'entrée de la vapeur de 102°C. La vitesse massique totale est de 22 kg/m²s. On remarque que la vitesse des bulles baisse de 0,06 m/s à 0,02 m/s pour le micro-canal de 305µm de diamètre hydraulique. Pour celui de 410,5µm de diamètre hydraulique, la vitesse des bulles diminue de 0,04 m/s à 0,005 m/s. Par conséquent, la vitesse des bulles est réduite entre l'entrée et la sortie du micro-canal de 65% pour le micro-canal de diamètre 305 µm et de 87% pour celui de 410,5 µm. La figure III.17 présente le taux de condensation de la vapeur durant son parcours dans chaque micro-canal. Ce taux de condensation est calculé à partir de l'équation suivante :

$$\Delta m_{cond} = \rho_v S \Delta L_b \tag{III.5}$$

Où S est la section de passage du micro-canal définie par le produit de la largeur du micro-canal ($W_{channel}$) et la hauteur du micro-canal ($H_{channel}$), ρ_v est la masse volumique de la vapeur.

La figure III.17 confirme que la réduction du diamètre du micro-canal augmente le taux de condensation et contribue à l'intensification des transferts. On a aussi constaté que les bulles obtenues pour le micro-canal de diamètre 305µm sont plus longues que celles formées pour celui de diamètre 410,5µm. En réduisant la section de passage, les contraintes tangentielles deviennent plus grandes induisant une augmentation significative des forces de pression axiales gouvernant l'interface des bulles. L'augmentation de la pression sous l'effet des forces de tension de surface tend à allonger les bulles. Ceci explique pourquoi les bulles dans le petit micro-canal sont plus longues que dans le grand micro-canal. Par conséquent, la surface de contact entre les bulles et le liquide qui les entourent est plus importante pour le micro-canal de 305µm de diamètre que pour celui de 410µm de diamètre.

Vitesse axiale des bulles [m/s]

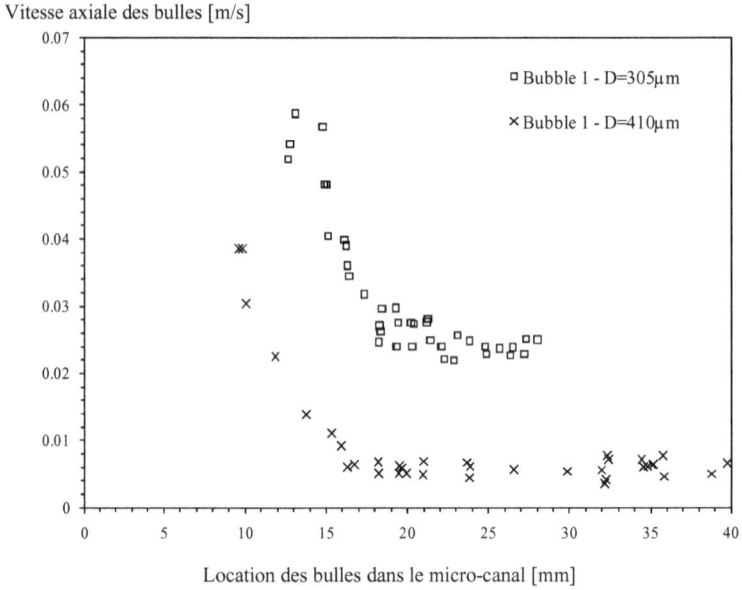

Location des bulles dans le micro-canal [mm]

Figure III.16: Vitesse axiale des bulles le long de la direction de l'écoulement.

La masse condensée [µg]

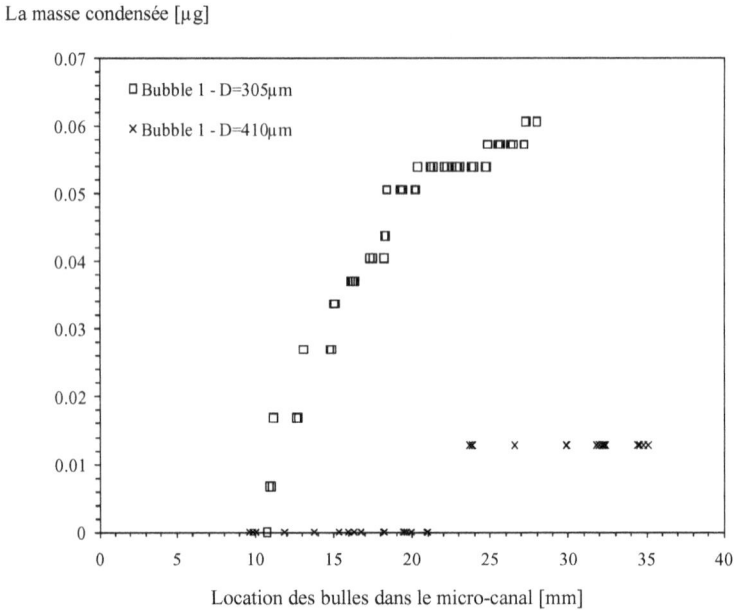

Location des bulles dans le micro-canal [mm]

Figure III.17: masse condensée au cours du déplacement des bulles dans le micro-canal.

III.3.5. Influence de la puissance de refroidissement du micro-canal sur la vitesse de parcours des bulles dans le micro-canal

Les figures III.18 a et b montrent des images vidéo obtenues pour deux écoulements en condensation de même vitesse débitante, même pression et température de la vapeur à l'entrée mais avec des puissances de refroidissement différentes. Le refroidissement est assuré avec le même débit d'eau et des températures d'eau différentes : $T_{e,eau} = 10°C$ et $T_{e,eau} = 20°C$. Le sens de l'écoulement de la vapeur est de gauche vers la droite et le sens de l'eau de refroidissement est en contre courant. On remarque que l'apparition de bulles confinées dans le micro-canal se fait en augmentant la puissance de refroidissement.

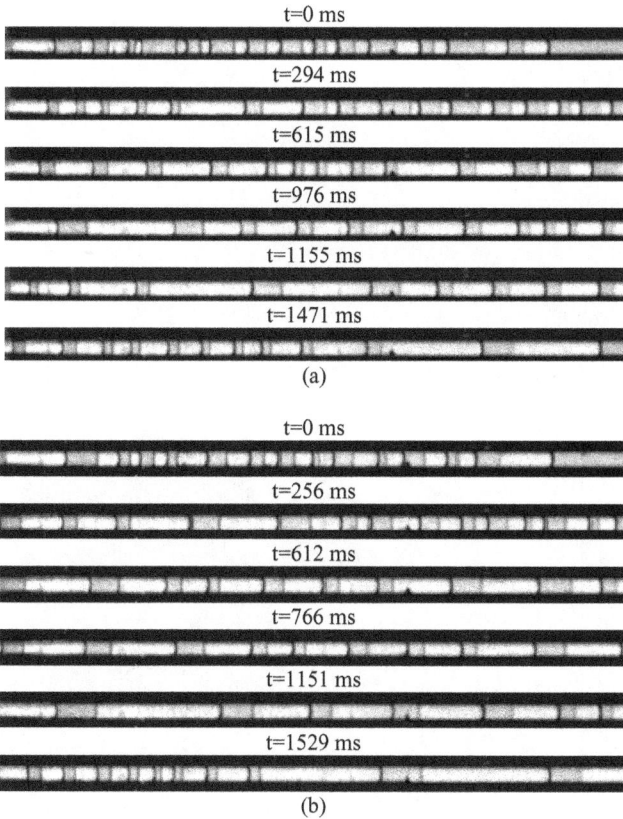

Figure III.18: Images vidéo de l'écoulement en condensation pour deux températures d'entrée de l'eau de refroidissement : (a) $T_{e,eau} = 20°C$, b) $T_{e,eau} = 10°C$.

Les figures III.19 et III.20 présentent les parcours des bulles et leurs vitesses de parcours dans le micro-canal pour les écoulements en images vidéo présentés dans les figures III.18 a et b. Pour les deux puissances de refroidissement testées, le parcours des bulles dans le micro-canal suit la même tendance et la taille des bulles est de 1500 à 2500 µm. La vitesse de parcours des bulles est déduite du parcours de chaque bulle.

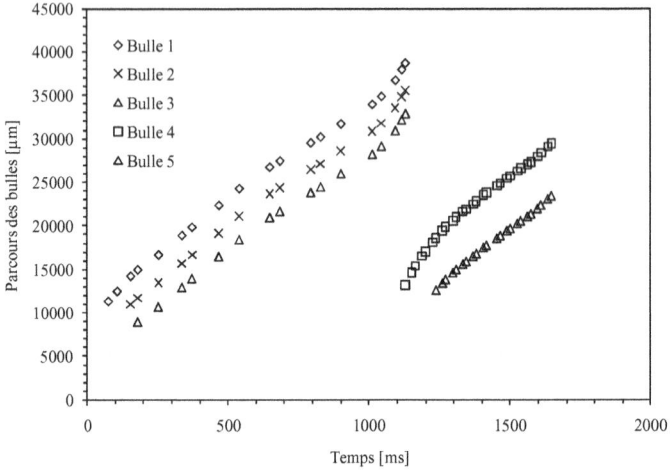

(a)

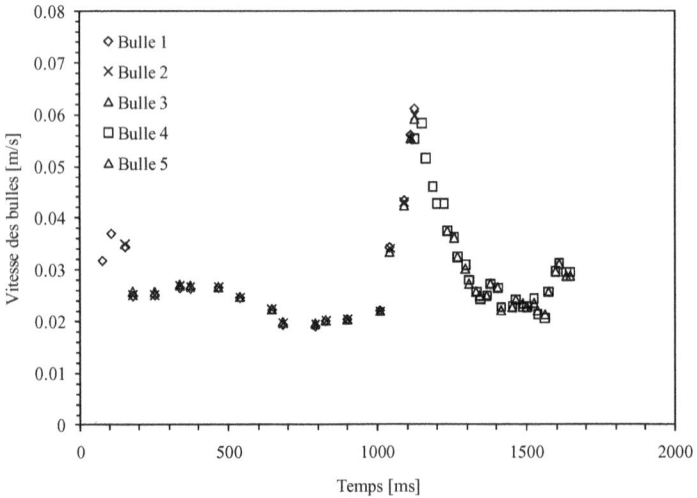

(b)

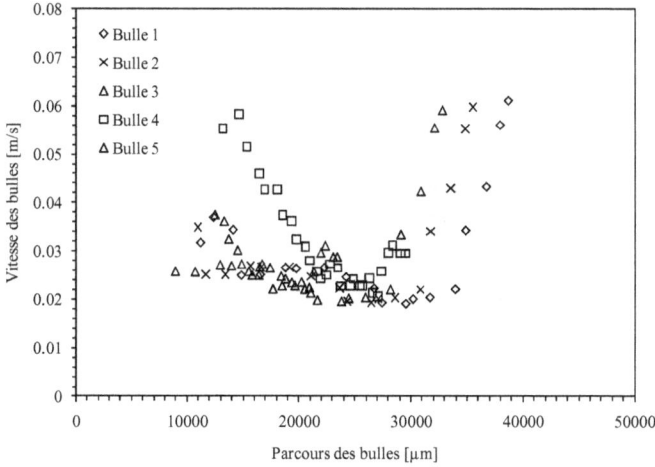

(c)

Figure III.19: Ecoulement à bouchons à température d'eau de refroidissement de 10°C : a)
parcours, b) vitesse instantanée, c) vitesse de bulles tout au long du micro-canal.

On remarque que la vitesse des bulles augmente de 0,021m/s à 0,048m/s puis elle baisse de
0,048m/s à 0,021m/s pour une température d'eau de refroidissement de 20°C. Pour celle de
10°C, la vitesse des bulles accroît de 0,021m/s à 0,06m/s puis diminue de 0,06m/s à 0,021m/s.
Par conséquent, l'amortissement des bulles augmente en augmentant la puissance de
refroidissement. De ce fait, on constate que pour une température d'eau de refroidissement de
20°C, le nombre de bulles produites est plus important que pour $T_{e,eau} =10°C$. Par conséquent,
on peut conclure qu'en augmentant la puissance de refroidissement, on réduit le nombre de
bulles produites puisqu'on augmente le temps de production de chaque bulle et ceci peut-être
expliqué par le fait qu'on condense plus. La figure II.19b montre qu'à chaque instant, les
bulles dans le micro-canal ont la même vitesse et que cette vitesse est variable au cours du
temps probablement à cause de la formation de bouchons liquide et du départ de chaque
bouchon du micro-canal. Par conséquent, le profil de vitesse axiale pourrait suivre une allure
sinusoïdale. Ceci est confirmé par les résultats obtenus dans la figure III.20b à température
d'eau de refroidissement de·20°C. Sur la figure III.19b, on présente les vitesses mesurées pour
chaque bulle suivant la longueur du micro-canal. On remarque que le taux d'accélération de
l'écoulement engendré par le départ de la première bulle diminue en s'éloignant de la sortie
du micro-canal.

88

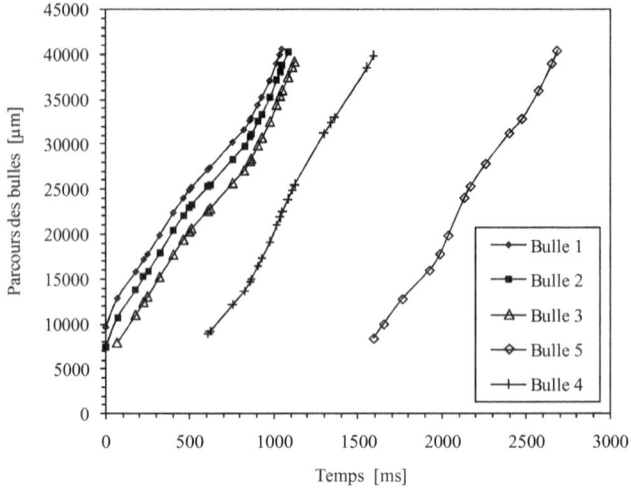

(a)

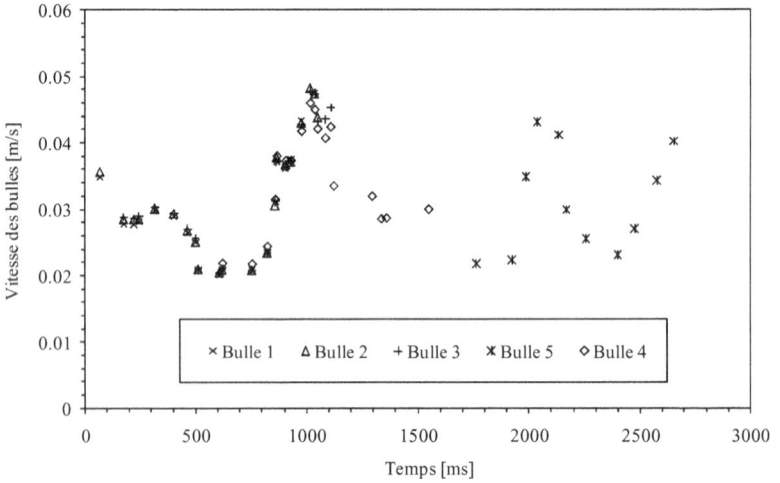

(b)

Figure III.20: Ecoulement à bouchons à température d'eau de refroidissement de 20°C : (a) parcours des bulles, (b) vitesse instantanée des bulles.

III.3.6. Influence de la coalescence des bulles sur la vitesse de parcours des bulles dans le micro-canal

La figure III.21 montre la coalescence des bulles de vapeur lors de leur déplacement dans le micro-canal. Nous désignons les bulles par la lettre B et les bouchons liquides par la lettre L. Les indices sous forme de nombre représentent les numérotations des bulles et bouchons. L'entrée du micro-canal est située à gauche de chaque image. En général, la coalescence de deux bulles survient lorsqu'elles se rapprochent et fusionnent pour ne former qu'une seule bulle d'une taille plus grande. Dans ce cas, le bouchon liquide qui les sépare disparait totalement en se déplaçant sous forme de microfilm liquide en contact avec la surface d'échange du micro-canal vers l'aval de la nouvelle bulle formée. Ceci est confirmé par la figure III.22 a qui présente l'évolution des tailles des bulles et des bouchons avant et après coalescence de deux bulles désignées par les numéros 2 et 3 sur la figure III.22 b. On montre qu'avant la coalescence, la bulle 2 et la bulle 3 ont pratiquement la même taille. Le rapprochement des bulles 2 et 3 s'accompagne d'une augmentation des bouchons 1 et 3, situés respectivement à l'amont de la bulle 2 et à l'avale de la bulle 3. Le bouchon 2 séparant les deux bulles diminue au cours du temps jusqu'à sa disparition totale lorsque les deux bulles coalescent. A ce moment là, on relève une forte augmentation de la taille du bouchon 3. Ceci implique que le liquide restant du bouchon 2 est transporté vers l'arrière de la bulle 3 et s'ajoute au bouchon 3.

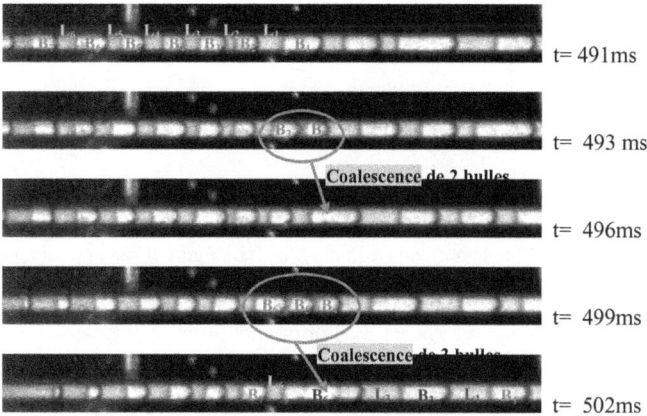

Figure III.21: images de l'écoulement montrant le phénomène de coalescence.

Taille des bulles et des bouchons [μm]

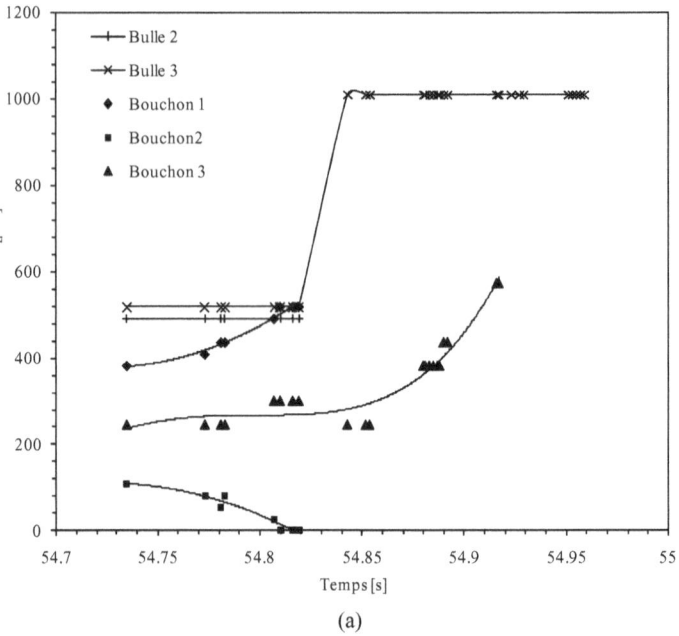

(a)

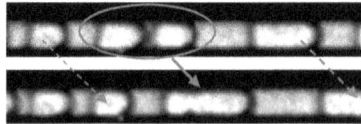

(b)

Figure III.22. Coalescence de deux bulles dans le micro-canal : (a) taille des bulles et des bouchons liquides, (b) images vidéo.

Nous avons aussi traité le cas de la coalescence de trois bulles voisines afin de mettre en évidence la variation des tailles des bouchons dans le micro-canal. La figure III.23a montre un grossissement d'images vidéo montrant la coalescence de trois bulles dans le micro-canal. Ces bulles et bouchons liquides sont numérotés suivant leurs dispositions dans le micro-canal. La figure III.23b présente l'évolution des tailles de ces bulles et bouchons liquides avant et après coalescence. On montre que la coalescence de ces trois bulles est révélée par le décroissement des bouchons 4 et 5 jusqu'à leur disparition. Comme la bulle 6 est plus grande que la bulle 5 qui est également plus grande que la bulle 4, les bouchons liquides qui séparent les bulles, ont tout d'abord tendance à être transportés de gauche vers la droite. Les films liquides ont plus de facilité à se déplacer autour des petites bulles de vapeur qu'autour de celles qui ont des tailles plus grandes. C'est pour cela que le bouchon 5 qui sépare les bulles 5 et 6 disparaît avant le bouchon 4 qui sépare les bulles 4 et 5. Le bouchon liquide 4 se remplie par les films liquides provenant du bouchon 5. La bulle 5 s'allonge par confinement à cause du microfilm liquide entre les extrémités de la bulle 5 et les parois du micro-canal alors que la bulle 6 est contractée juste avant la coalescence. Ceci s'explique par le fait que le bouchon 5 est transporté vers l'arrière de la bulle 6 au moment de la coalescence ce qui explique l'augmentation soudaine de la taille du bouchon 6.

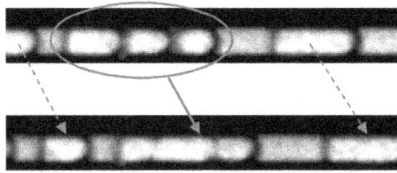

(a)

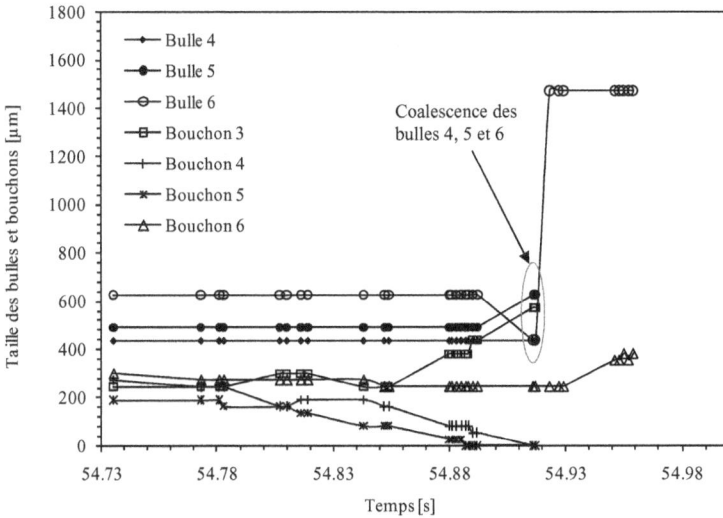

(b)

Figure III.23. Coalescence de trois bulles dans le micro-canal : (a) images vidéo, (b) taille des bulles et des bouchons liquides.

Parcours des bulles [µm]

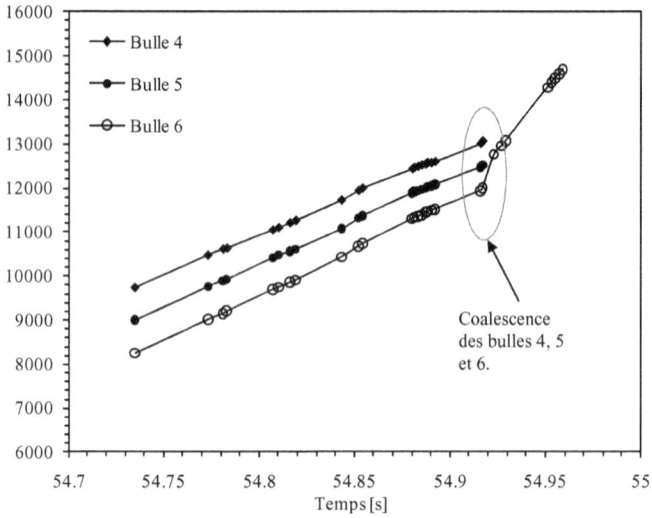

(a)

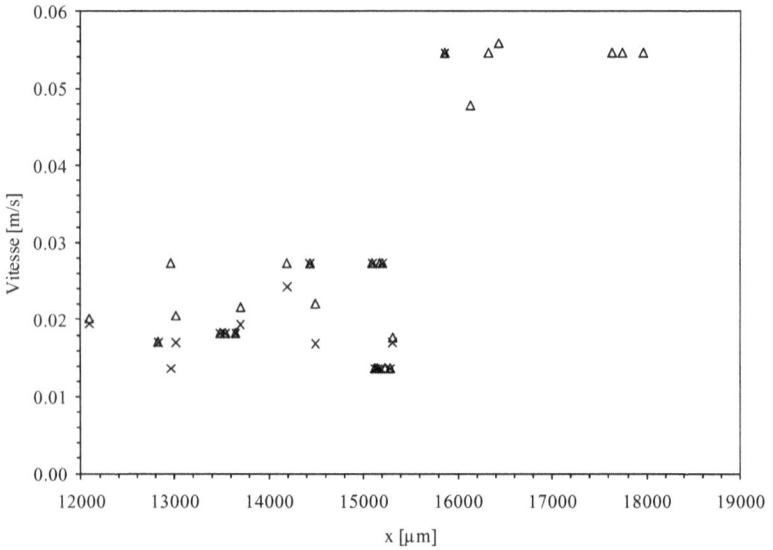

(b)

Figure III.24: Effet de la coalescence des bulles : (a) parcours des bulles, (b) vitesse de parcours.

L'analyse de l'effet de la coalescence des bulles en condensation sur la vitesse de l'écoulement est faite en mesurant la vitesse de déplacement des bulles avant et après leur coalescence. La figure III.24a montre le parcours des trois bulles étudiées précédemment avant et après coalescence. Les trois bulles suivent le même parcours avant leur coalescence et la pente du parcours de la bulle formée après coalescence est plus importante. La figure III.24.b montre la vitesse des bulles avant et après coalescence des trois bulles. On montre que la vitesse de la bulle formée après coalescence est augmentée d'environ 40%. Ceci peut être du au fait que la coalescence des trois bulles s'accompagne d'une poussée des bouchons liquides emprisonnées entre les bulles vers l'arrière de cette bulle produite de plus grande taille. Ceci est confirmé par la figure III.23.b qui montre une augmentation de la taille du bouchon 6 après disparition des deux bouchons 4 et 5 à cause de la coalescence. Aussi, l'attraction du bouchon liquide (bouchon 3) à cause de la coalescence des bulles favorise également l'accélération de l'écoulement. Ceci est aussi confirmé par les résultats présentés en figure III.23b qui montre une augmentation de la taille du bouchon 3.

III. 4. ECOULEMENT ANNULAIRE AVEC PRODUCTION DE BULLES

III.4.1. Description du cycle de l'écoulement

La figure III.25 montre un exemple d'images vidéo d'écoulement annulaire à production continue de bulles obtenu en condensation dans un micro-canal en silicium de 410.5μm de diamètre hydraulique. La température d'entrée de la vapeur est de 108°C. La pression de la vapeur à l'entrée du micro-canal est de 114 kPa. La vapeur et le liquide circulent de la gauche vers la droite dans le micro-canal. La vitesse massique totale dans le micro-canal est d'environ 75 kg/m^{2}s. La température du liquide condensé à la sortie du micro-canal est de 52°C. À t = 0 ms, le cycle de l'écoulement en condensation dans le micro-canal commence par un écoulement annulaire sans production de bulles localisé à l'entrée du micro-canal. A proximité de la sortie du micro-canal, l'écoulement monophasique est totalement liquide. Un micro-film liquide est formé à la surface du micro-canal et son épaisseur augmente au fur et à mesure que nous nous éloignons de l'entrée du micro-canal en raison des forces de frottement à l'interface liquide-vapeur et à la paroi qui retiennent le liquide et amortissent l'écoulement (figure III.26a). Ces forces entraînent une différence de vitesses interfaciales liquide et vapeur, favorisant la formation de vagues sur la surface du film liquide réduisant ainsi le diamètre de l'écoulement vapeur (figure III.26b). A cet endroit, une zone de pincement est formée appelée zone d'injection dont le diamètre diminue au fur et à mesure que les vagues croissent, entraînant ainsi un détachement d'une masse de vapeur (éjection d'une première bulle) (figure III.26c).

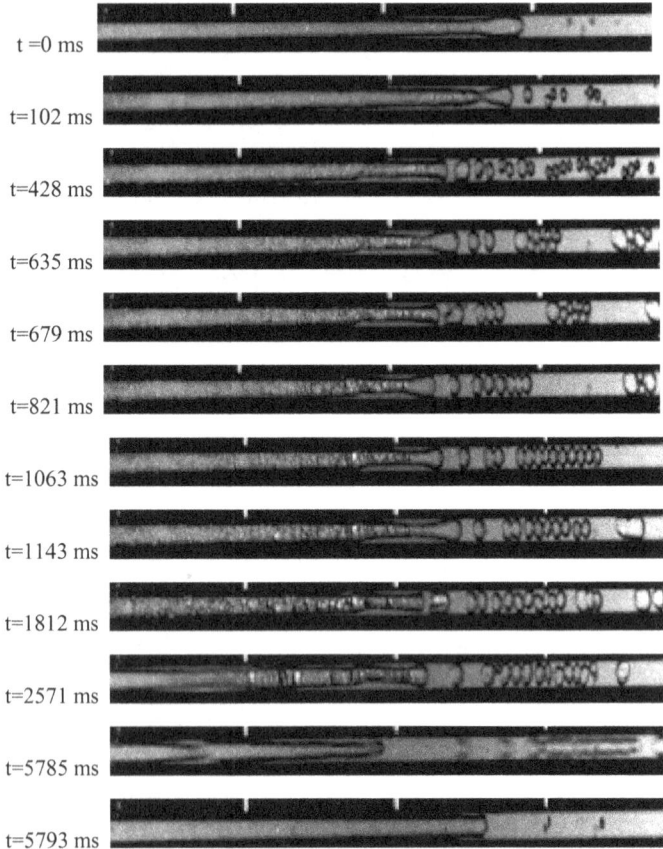

Figure III.25 : Structure d'écoulement annulaire / bulles dans un micro-canal en silicium.

Les images vidéo obtenues à t = 102ms et t = 428ms montrent que les premières bulles éjectées ont un diamètre équivalent d'environ 200µm. Elles se déplacent vers la sortie du micro-canal en suivant un parcours plus proche de la surface supérieure du micro-canal en raison des forces de flottabilité. Durant ce cycle, l'écoulement à bulles occupe 40% de la longueur du micro-canal. À t = 428ms, il ya une forte concentration de différentes tailles de bulles près de la sortie du micro-canal favorisant la coalescence entre les petites bulles et la formation de bulles occupant toute la section du micro-canal. Ce phénomène est mis en évidence dans la photo prise à l'instant t = 1143 ms, où l'on voit une formation de poches de vapeur résultant de la coalescence de trois bulles ou plus (figure III.26d). Cela conduit probablement à une augmentation de la pression dans cette dernière zone du micro-canal accompagnée d'un ralentissement de la fréquence d'éjection des bulles, et une augmentation de la concentration de bulles. Par conséquent, les bulles éjectés ont une taille plus grande que celles éjectées au début du cycle. A partir de t= 635 ms, l'écoulement dans le micro-canal est composé de quatre zones différentes: une première zone d'écoulement à micro-gouttelettes isolées suivie de la zone d'injection de bulles où se trouve le développement d'ondes interfaciales, une troisième zone occupée par des bulles de forme sphérique, et une dernière zone d'écoulement à bulles allongées. Une forte concentration des bulles éjectées près de la sortie du micro-canal cause une surpression de l'écoulement par rapport à la pression d'entrée durant un bref instant. L'écoulement des bulles est repoussé vers l'entrée du micro-canal où il provoque une augmentation de la pression et une évacuation complète de toutes les bulles du micro-canal comme le montre les images obtenues à l'instant t entre 5785ms et 5793ms. Cela marque la fin du cycle de l'écoulement L'image obtenue à t = 5793 ms et celle enregistrée au début du cycle sont similaires.

Figure III.26a : Micro-film liquide en écoulement annulaire

Figure III.26b : Vagues interfaciales avant éjection de la bulle

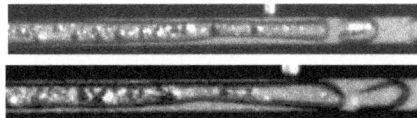

Figure III.26c : Phases d'injection d'une bulle

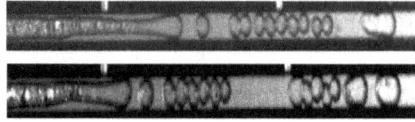

Figure III.26d : Coalescence des bulles et formation de poches de vapeur

III.4.2. Parcours des bulles et leurs périodes d'éjection durant le cycle

On s'est intéressé aux cycles schématisant les zones et le temps de production des bulles. Dans le cas du régime d'écoulement annulaire/bulles sphériques/bulles allongées présenté précédemment. La figure III.27 présente le déplacement du ménisque de l'écoulement annulaire dans le micro-canal jusqu'à la production de chaque bulle qui se suit automatiquement d'une brusque diminution de la longueur de l'écoulement annulaire. La longueur de l'écoulement annulaire est mesurée dans l'axe de la section transversale et est définie comme la distance entre l'entrée du micro-canal et l'extrémité du ménisque de la phase vapeur comme le montre la figure III.28.

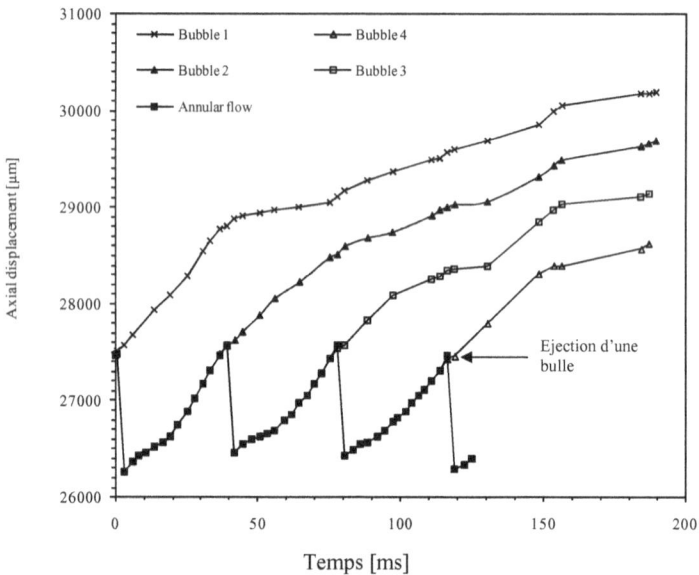

Figure III.27 : Cycle de l'éjection périodique des bulles.

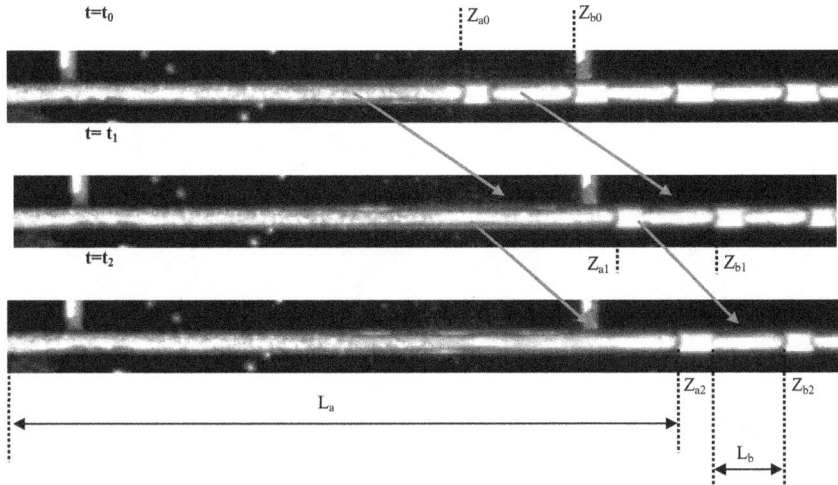

Figure III.28 : Profil temporel de la vitesse du ménisque annulaire.

La longueur de l'écoulement annulaire augmente durant la période de formation des vagues des deux côtés de la surface de la vapeur qui provoque l'éjection de bulles. Dans la figure III.27, le temps initial est défini comme la fin d'une étape de formation d'une bulle et de son éjection dans le micro-canal. Il est montré que la taille de l'écoulement annulaire est réduite après chaque éjection de bulle due à la perte d'une quantité de vapeur formant la bulle. Les bulles éjectées qui sont traités dans cette section s'orientent toutes vers la sortie du micro-canal et aucune coalescence n'est observée entre elles. Les parcours des bulles sont présentés dans la figure III.27. Ils commencent à partir de chaque sommet de la courbe représentant le déplacement de l'écoulement annulaire où la rupture de l'écoulement de vapeur est produite.

La vitesse du ménisque de l'écoulement annulaire est calculée comme étant le rapport de la variation du déplacement de l'écoulement annulaire par rapport au temps. Le profil temporel de la vitesse du ménisque annulaire est présenté dans la figure III.29 pour quatre étapes au cours desquels on a formation de vagues et éjection des bulles. Elle montre une grande augmentation de la vitesse du ménisque (pic de vitesse) après chaque éjection de bulle. Ensuite, l'écoulement annulaire retourne brusquement en arrière et le sens de l'écoulement est inversé par rapport à l'entrée du micro-canal pendant un court instant (environ 5 ms).Après cette étape, l'écoulement annulaire avance vers sortie du micro-canal en changeant de forme du ménisque à cause de la formation des vagues interfaciales.

Vitesse axiale [m/s]

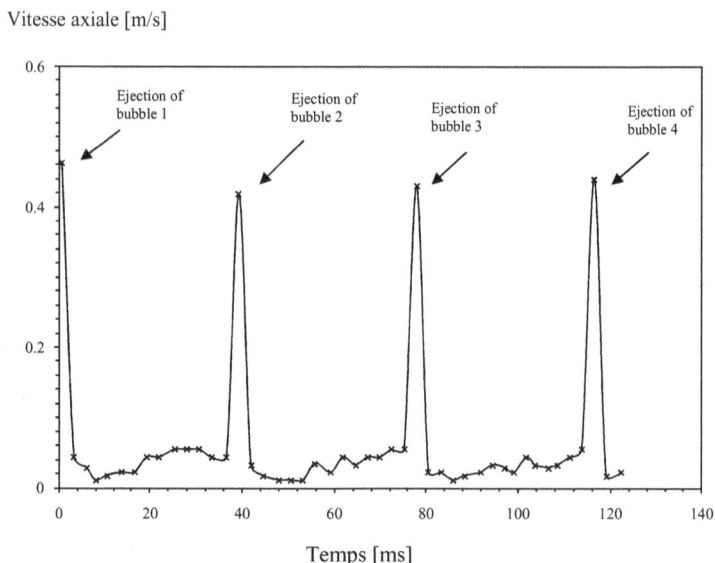

Temps [ms]

Figure III.29 : Profil temporel de la vitesse du ménisque annulaire.

La figure III.30 illustre un exemple d'avancement du profil du ménisque en fonction du temps jusqu'au moment de rupture de l'écoulement de la vapeur et l'éjection d'une bulle. En comparant les profils obtenus pour le ménisque à t = 116 ms et t = 113 ms où la bulle est éjecté, il apparait que le profil du ménisque devient prononcé à l'instant t = 116ms et il n'y a pas de changement de la forme du ménisque près de la surface d'échange thermique. Ceci peut être expliqué par le processus de formation des vagues à l'interface et l'éjection des bulles. Au cours de ce processus, toute la vapeur entrant dans le micro-canal est condensée et conservée à l'emplacement de formation de vague interfaciale. L'amplitude de la vague progresse au fil du temps dans le sens vertical à la surface d'échange thermique. Les forces de pression des vagues interfaciales réduisent la section transversale de l'écoulement de la vapeur et augmentent la vitesse axiale du ménisque de l'écoulement annulaire. Comme le montre la figure III.30, le profil du ménisque a une forme aplatie près des deux côtés du micro-canal provoquant un amortissement de l'écoulement vapeur lors de la phase d'éjection de la bulle.

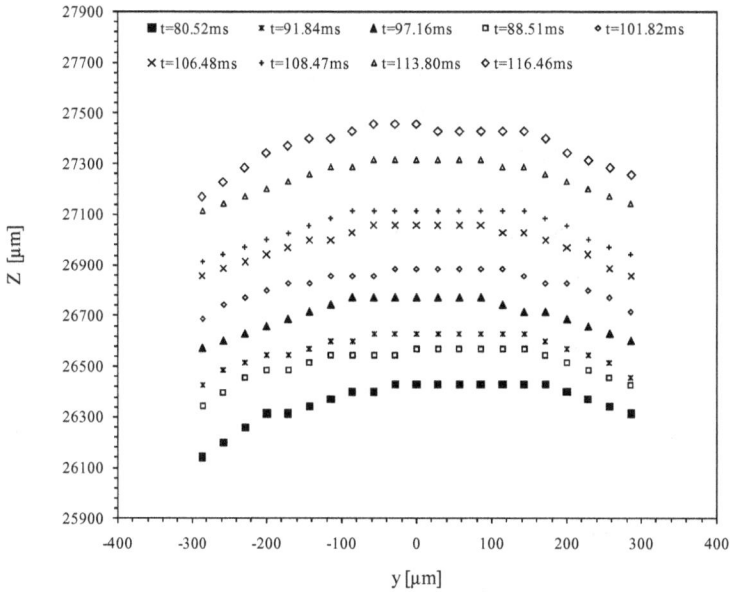

Figure III.30 : Profils du ménisque en fonction du temps.

La figure III.31 présente les évolutions temporelles des diamètres équivalents des bulles traversant le micro-canal à partir de leur éjection à l'avant du ménisque. Le diamètre de chaque bulle est équivalent au diamètre de la bulle ayant le même volume et une forme sphérique. Le volume de chaque bulle est déterminé par traitement d'image en multipliant la surface apparente de la bulle (S_b) par la hauteur du canal testé ($H_{channel}$). Le diamètre équivalent est déduit de l'équation suivante:

$$D_b = 2\left(\frac{3}{4\pi}V_b\right)^{1/3} \tag{III. 6}$$

V_b est le volume de la bulle calculé comme suit:

$$V_b = S_b H_{canal} \tag{III. 7}$$

Avec : S_b est l'aire de la bulle mesuré par traitement d'images, H_{canal} est la hauteur du micro-canal.

100

La figure III.31 montre que l'évolution de chaque diamètre de bulles diminue en fonction du temps à cause de la condensation de la vapeur à l'interface des bulles. Le temps t = 0 ms est choisi comme le moment de départ de la première bulle. Pour chaque bulle, le diamètre équivalent diminue et se stabilise à environ 560µm durant 40 ms. A cet instant, la deuxième bulle est éjectée et son diamètre équivalent diminue au cours du temps et atteint la valeur limite (560µm). A cet instant, la troisième bulle est éjectée et le processus est répété. Les bulles étudiées sont éjectées au même diamètre. Cela implique que la présence de petites bulles dans le micro-canal à l'instant de l'éjection d'une bulle n'a aucun effet sur le diamètre de départ de la bulle. Les bulles voyageant à travers le micro-canal sont principalement influencées par la force de flottabilité, la tension de surface, l'inertie et la force de viscosité. Tous les diamètres des bulles étudiées ont la même évolution le long du micro-canal en raison de l'absence du phénomène de coalescence qui peut ralentir l'écoulement du condensat.

Diamètre des bulles [µm]

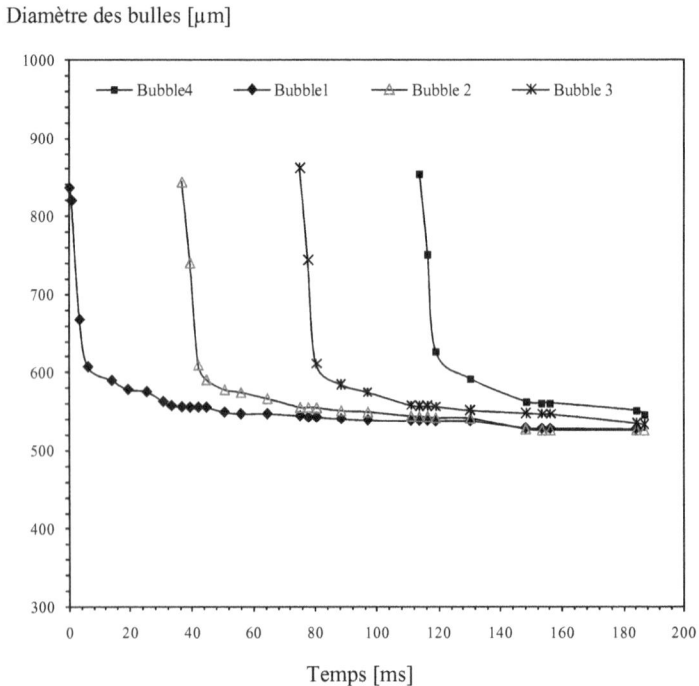

Figure III.31 : Diamètre des bulles en fonction du temps.

III.4.3. Influence de la vitesse massique total sur la structure de l'écoulement

La figure III.32 montre la structure d'un écoulement annulaire à production de bulles enregistrée dans le cas de la condensation dans un micro-canal en silicium de 410 μm de diamètre hydraulique. La température d'entrée de la vapeur est de 108°C et sa pression d'entrée est de 114,6 kPa. Le débit massique total dans le micro-canal est d'environ 51 kg/m²s.

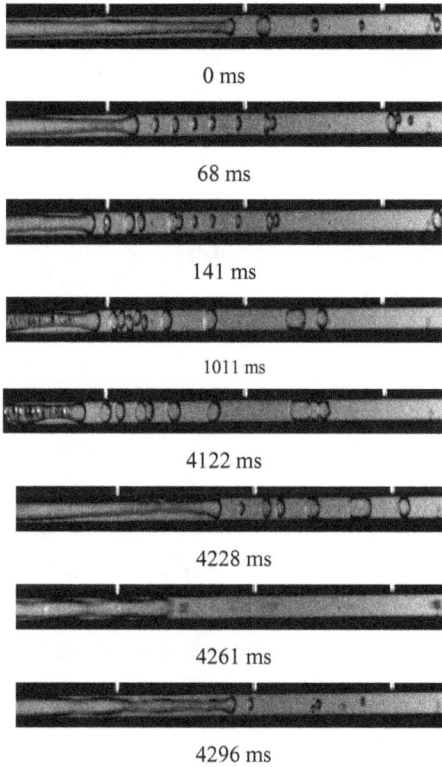

0 ms

68 ms

141 ms

1011 ms

4122 ms

4228 ms

4261 ms

4296 ms

Figure III.32 : Ecoulement cyclique en condensation pour une vitesse massique totale de 52kg/m²s.

Nous avons comparé les images vidéo obtenues pour cet écoulement par rapport à celles obtenues pour l'écoulement annulaire/bulles présentées par la figure III.25 pour une vitesse massique de 75 kg/m²s. On remarque que pour cet écoulement, la période de chaque cycle est d'environ 4296 ms et elle est inférieure à la période mesurée pour 75kg/m²s qui est d'environ

102

5793 ms. Le nombre de bulles sphériques éjectées par l'écoulement vapeur à l'entrée du micro-canal pour 75 kg/m²s est d'environ 153 au cours de chaque cycle. Pour 51 kg/m²s, le nombre de bulles éjecté est augmenté à 183 bulles par cycle parce que les instabilités hydrodynamiques sont plus prononcées et la formation des vagues interfaciales est plus rapide. Il est constaté que le phénomène de coalescence proche de la sortie de micro-canal attire l'écoulement de l'entrée vers la sortie du micro-canal, ce qui favorise l'accélération de l'avancement et l'éjection des bulles. La coalescence entre les bulles augmente à faible débit massique, car le processus de condensation est élevé et la vitesse de l'écoulement est faible. En fait, en réduisant la vitesse massique à l'entrée, ceci entraîne une diminution de la vitesse des bulles dans le micro-canal et de la distance séparant les bulles voisines correspondant à la taille du bouchon liquide entre deux bulles voisines. En augmentant la vitesse massique d'entrée, ceci a tendance à augmenter l'espace occupé par l'écoulement annulaire dans le micro-canal en raison de la vitesse de la vapeur à l'entrée du micro-canal. La vitesse des bulles éjectées est également augmentée et la durée du cycle de l'écoulement devient plus longue.

III.4.4 Epaisseur du condensat

En condensation, le paramètre local le plus intéressant à mesurer est l'épaisseur du film liquide car il est nécessaire à l'explication et à la prédiction locale des coefficients d'échange thermique locaux. La figure III.33 montre les profils des interfaces liquide-vapeur pour trois instants différents t=0ms, t=7ms et t=37ms. Ces trois instants représentent trois phases d'un cycle de formation et d'éjection d'une bulle dans le cas d'un écoulement annulaire avec formation d'instabilités hydrodynamiques. L'instant t=0ms représente l'allure de l'interface au début du cycle où on remarque un début de rétention de condensat en dessous de l'écoulement vapeur à cause d'un déséquilibre entre les vitesses interfaciales liquide et vapeur. Dans la zone comprise entre la surface du micro-canal et l'interface supérieure de l'écoulement vapeur, le condensat garde une épaisseur sensiblement uniforme suivant le sens de l'écoulement. En principe l'accumulation du liquide sur la partie inférieure du micro-canal ralenti l'avancement de l'écoulement de la vapeur (Louahlia-Gualous et B. Mecheri, 2007) et cause la formation d'une autre zone de rétention de condensat sur la partie supérieure du micro-canal. La figure III.33 présente l'allure de l'interface de l'écoulement vapeur obtenue à t=8ms dans le cas où on a formation des vagues interfaciales sur les parties supérieure et inférieure du micro-canal. L'extrémité finale de l'écoulement vapeur rempli sensiblement toute la section du micro-canal à cause de l'étranglement de l'écoulement vapeur par l'augmentation de l'amplitude des vagues interfaciales de part et d'autre du micro-canal. La déformation de la surface du film est due à une augmentation des forces de cisaillement entre les deux phases. L'amplitude de ces vagues augmente au cours du temps et conduit à une diminution de la vitesse interfaciale liquide dans le sens de l'écoulement de la vapeur. Ceci entraîne une instabilité hydrodynamique menant à la formation et au détachement de bulles sphériques. La coupure totale de l'écoulement vapeur survient quand les extrémités des deux vagues se rejoignent. Ceci entraîne l'éjection d'une masse de vapeur sous forme de bulle qui circule dans le micro-canal en se condensant et en s'orientant vers la sortie du micro-canal.

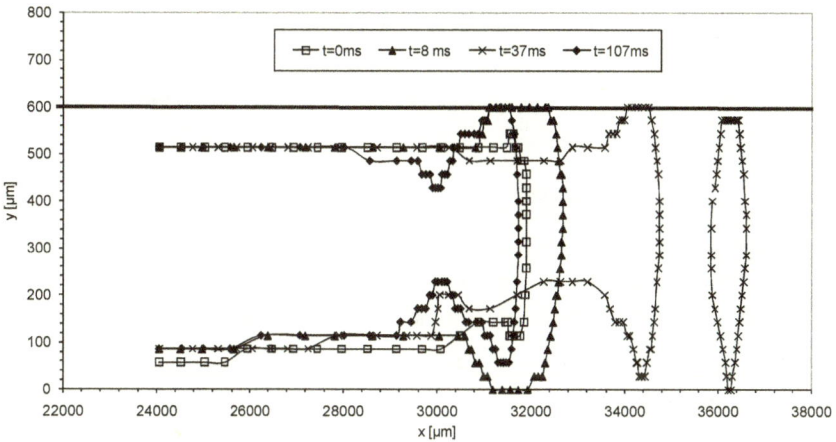

Figure III.33. Profils de l'interface liquide-vapeur de l'écoulement vapeur entrant au micro-canal.

La figure II.33 présente également l'allure de l'interface de la vapeur après éjection d'une bulle de vapeur. Après cette phase, l'écoulement de la vapeur recule vers l'entrée du micro-canal, sa taille diminue à cause de l'éjection de la bulle de vapeur malgré l'alimentation continue du micro-canal par de la vapeur. Ce retour de la vapeur engendre probablement une monté en pression à l'entrée du micro-canal et une poussée de la vapeur vers la sortie du micro-canal. La figure III.33 présente également l'allure de l'interface pour un autre cycle de formation et d'éjection d'une autre bulle dans le micro-canal (courbe obtenue à t=107ms).

La figure III.34 montre un exemple d'évolution de l'épaisseur de condensat déterminée par traitement d'image filmée à instant t=107ms où l'écoulement de la vapeur dans le micro-canal est en présence de deux vagues interfaciales liquides situées sur son interface supérieur et inférieur.

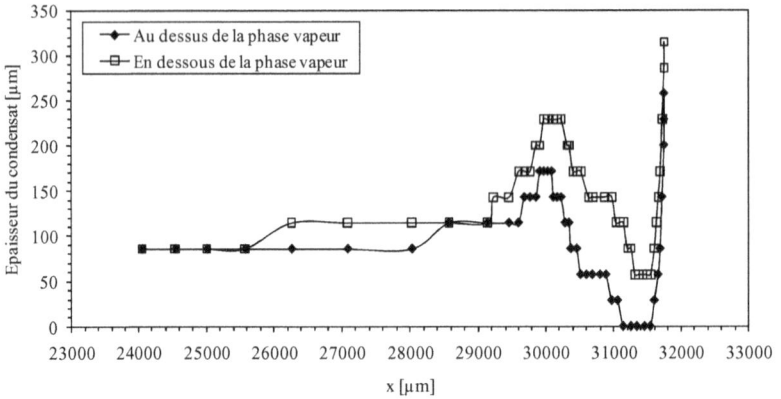

Figure III.34. Epaisseur de condensat à t = 8 ms.

On remarque que l'écoulement diphasique n'est pas axisymmétrique à cause du phénomène de stratification car l'épaisseur du film liquide est plus importante sur la partie inférieure du canal que sur la partie supérieure. En général, ce phénomène apparaît dans le cas de la condensation à l'intérieur d'un macro-canal horizontal, quand l'effet des forces de gravité devient non négligeable par rapport à celui des forces de frottement interfaciales. Dans le cas d'un micro-canal, cette dissymétrie peut être due à l'effet Marangoni (Murase, 2007) causé par une variation de la température de la surface d'échange. En régime d'écoulement stratifié, le condensat formé sur la partie supérieure du canal, ruisselle autour de la surface d'échange et s'accumule sur la partie inférieure du canal. Dans le cas où les forces de frottement à l'interface liquide-vapeur ne suffiraient pas pour évacuer axialement le condensat, ce dernier peut s'accumuler dans la partie inférieure et former des bouchons. La répartition dissymétrique du condensat de part et d'autre de l'écoulement vapeur est présente continuellement pour chaque cycle du début de formation des vagues jusqu'à la phase d'étranglement. Ceci est confirmé par la figure III.35 qui montre les évolutions de l'épaisseur de condensat au dessus et en dessous de l'écoulement vapeur pour différentes phases du cycle.

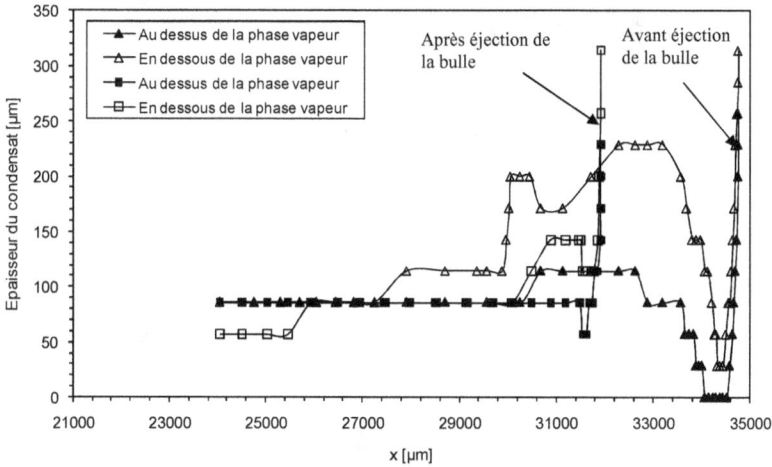

Figure III.35. Epaisseur de condensat

III.5. INFLUENCE DE LA MICROSTRUCTURATION DE LA SURFACE D'ECHANGE DU MICRO-CANAL

Dans ce paragraphe, nous allons montrer que la structure de l'écoulement en condensation dans un micro-canal peut aussi être influencée par l'état de la surface du micro-canal. Nous avons effectué des essais sur la condensation de la vapeur d'eau dans un micro-canal possédant des microstructures de forme carrée sur sa surface d'échange. Ces microstructures doivent contribuer à l'intensification des transferts thermiques par rapport à une surface lisse. Le micro-canal testé est de diamètre hydraulique 156µm. Cette phase de notre travail de recherche constitue une méthode innovante dans le cadre des échangeurs thermiques qui doivent être conçu dans le but d'utiliser une faible quantité de fluide caloporteur, une grande compacité et un grand coefficient d'échange thermique.

Sachant que les instabilités hydrodynamiques contribuent à réduire la vitesse de l'écoulement et à détériorer les transferts thermiques, nous avons débuté notre étude par une identification des régimes d'écoulement en condensation obtenus en présence de microstructures sur la surface d'échange. La figure III.36 présente des exemples d'images vidéo obtenues au cours de nos essais.

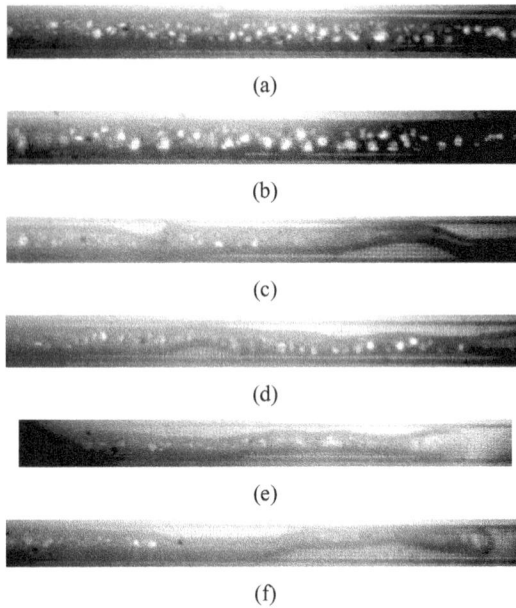

(a)

(b)

(c)

(d)

(e)

(f)

Figure III.36 : Structures d'écoulement en condensation dans un micro-canal micro-structuré : (a-b) condensation en gouttes, (c-d) écoulement annulaire, (e-f) condensation annulaire/bulles.

D'après ces images, on constate que la présence de microstructures sur la surface d'échange réduit le mouillage de la surface par le film liquide et les forces de tension superficielle deviennent très importantes. De ce fait l'énergie libre de la surface d'échange est réduite énormément à cause de la micro-structuration de la surface d'échange. Cette diminution rend la tension de surface de l'eau prépondérante à l'énergie libre de la surface et entraine une forte augmentation de l'angle de contact entre le condensat et la surface d'échange. Par conséquent, on remarque des structures d'écoulements différentes de celles identifiées dans le cas de la condensation dans un canal lisse. Les figures III.36 a et III.36 b montrent que la condensation en gouttes est fortement présente vers l'entrée du micro-canal micro-structuré et qu'elle s'est prolongée sur toute la longueur du micro-canal comme le montrent les figures III.36 c et III.36 d. Les gouttes sont rondes et ont des couleurs brillantes dans les différentes images. On remarque une formation très dense de gouttes très rapprochées les unes des autres et de tailles non négligeables par rapport à celle du micro-canal contrairement au cas du micro-canal lisse. Chaque goutte occupe approximativement le tiers de la hauteur du micro-canal voire la moitié comme le montre la figure III.36 b. Ceci est favorisé par les forces de tension de surface qui augmentent les forces d'attraction entre les gouttes voisines afin qu'elles fusionnent et réduisent leurs surfaces de contact avec la vapeur et de ce fait l'énergie de surface correspondant au produit entre la surface externe des gouttes et la tension superficielle est minimisée. L'amplification de ce phénomène de coalescence entre les gouttes conduit à la formation d'un film liquide comme le montre les figures III.36 c et III.36 d. Ce film tend à se répartir sur toute la longueur du micro-canal en s'orientant vers la sortie du micro-canal. Les répartitions des films obtenus sont différentes de celles obtenues dans le micro-canal lisse. L'allure obtenue pour le film liquide est due principalement aux forces de tension superficielle qui deviennent prépondérantes et à la diminution des forces de mouillabilité de la surface d'échange à cause de la microstructuration. Par conséquent, on remarque la formation de fortes ondulations de l'écoulement dans le micro-canal ; structure totalement absente dans le cas d'un micro-canal lisse où les forces de mouillabilité permettent à l'écoulement diphasique de s'étaler dans le micro-canal.

Les figures III.36 e et f montrent les structures d'écoulement annulaire obtenues pour le cas du micro-canal structurés. Cette structure est présente à proximité de l'entrée du micro-canal avec formation d'un ménisque de forme sensiblement arrondie à l'extrémité de l'écoulement annulaire. En comparant cette structure à celle obtenue pour le cas d'un écoulement en condensation dans un micro-canal lisse, on remarque que dans ce dernier cas la courbure de l'extrémité de l'écoulement annulaire est sensiblement axisymétrique et que son interface a une forme sensiblement sphérique. L'effet de la structuration de la surface est très marqué sur l'allure générale de l'écoulement qui est dissymétrique par rapport au plan médian du micro-canal contrairement au cas d'un canal lisse. En effet, on remarque un glissement des deux phases liquide et vapeur du haut du micro-canal vers le bas du micro-canal et ensuite l'écoulement est repoussé vers la partie supérieure du micro-canal à cause de la vitesse d'écoulement et l'orientation de l'écoulement vers la sortie du micro-canal. Par conséquent, on remarque une allure sensiblement sinusoïdale de l'écoulement dans le micro-canal. Ce phénomène est absent dans le cas de la condensation dans le micro-canal lisse car le microfilm liquide formé par condensation s'accroche à la surface d'échange grâce à son effet mouillant (figure III.37).

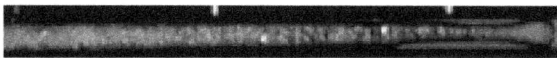

Figure III.37 : Structure d'écoulement en condensation dans un micro-canal lisse.

En réduisant la vitesse d'écoulement de la vapeur à l'entrée du micro-canal, la structure de l'écoulement change également car le temps de séjour des deux phases liquide et vapeur est plus long dans le micro-canal. La figure III.38 montre une image vidéo de la condensation totale dans le micro-canal à microstructures. On remarque un décrochement assez ponctuel du film liquide dans certaines zones de l'écoulement. Ce décrochement ne s'étale pas sur zone assez prononcée de la surface d'échange pour entrainer un glissement du film liquide comme cela était le cas pour les structures présentées précédemment. La raison principale est probablement la vitesse de l'écoulement qui est réduite combinée à un taux de condensation assez important. En effet, le condensat formé peut occuper facilement toute la section du micro-canal (figure III.39) puisque les forces tangentielles à l'interface liquide-vapeur favorisant l'évacuation du condensat sont très faibles.

Figure III.38 : Condensation totale dans le micro-canal micro-structuré.

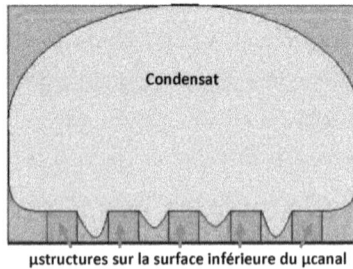

µstructures sur la surface inférieure du µcanal

Figure III.39. Répartition probable du condensat dans la section du micro-canal.

Contrairement au micro-canal lisse, l'écoulement à bulles et bouchons liquides est rarement présent dans le cas de la condensation dans le micro-canal micro-structuré. La figure III.40 montre des images vidéo d'écoulement à bulles et bouchons liquide filmées lors de la condensation dans le micro-canal structuré. Les bulles observées sont de différentes tailles.

En comparant ces images à celles obtenues pour le cas d'un canal lisse (figure III.41), on remarque que l'interface entre les extrémités des bulles et les bouchons liquides voisins n'est pas lisse. En effet l'interface des bulles est fortement influencée par la présence des microstructures quelque soit les tailles des bulles. Sachant que le mouillage de la surface

109

d'échange est énormément affaibli par la présence des microstructures, l'adhérence des bouchons liquides et des bulles vapeurs à la paroi devient très réduite. Ceci, favorise le glissement d'une phase par rapport à l'autre. Ajouté à cela, les forces de pression au niveau des interfaces de chaque bulle deviennent plus importantes que les forces d'inertie. De ce fait, on a formation de bulles dont les formes de leurs extrémités gauche et droite sont similaires et concaves.

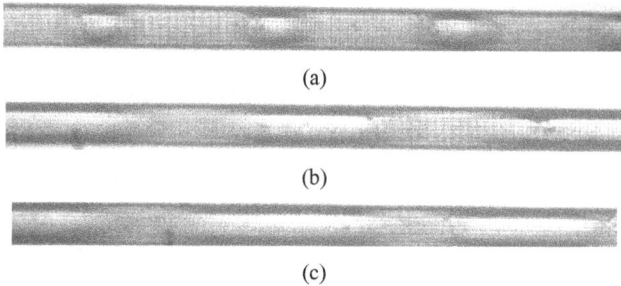

(a)

(b)

(c)

Figure III.40 : Ecoulement à bulles et bouchons lors de la condensation de la vapeur d'eau dans un micro-canal micro-structuré.

Figure III.41 : Ecoulement à bulles et bouchons : cas de la condensation dans un micro-canal.

II.6. CONCLUSIONS

La visualisation par caméra ultra rapide CCD a permis d'observer plusieurs structures d'écoulements en condensation dans un seul micro-canal. L'analyse de ces différentes structures d'écoulements identifiées est conduite par une procédure de traitement d'images. Cette dernière a permis de déduire les vitesses de déplacement des bulles en fonction du temps de leurs parcours. Des analyses approfondies sur les écoulements à bulles et à bouchons liquides et les écoulements annulaires avec éjection de bulles ont été détaillées. La technique de détermination des vitesses des bulles allongées de vapeur et des bouchons liquides ainsi que de leurs fréquences d'apparition a montré que la fréquence d'apparition est inversement proportionnelle à la taille des bulles et des bouchons. L'étude de l'influence de la taille du micro-canal sur la vitesse de parcours des bulles dans le micro-canal montre que la réduction du diamètre du micro-canal augmente le taux de condensation et contribue à l'intensification des transferts. L'étude de l'influence de la puissance de refroidissement du micro-canal sur la vitesse de parcours des bulles dans le micro-canal montre que l'amortissement des bulles augmente en augmentant la puissance de refroidissement et que cet effet provoque la réduction du nombre de bulles produites. L'analyse de l'effet de la coalescence des bulles en condensation sur la vitesse de l'écoulement, faite en mesurant la vitesse de déplacement des bulles avant et après leur coalescence montre que la vitesse de la bulle formée après coalescence est brusquement augmentée. En analysant l'écoulement annulaire, on montre une grande augmentation de la vitesse du ménisque après chaque éjection de bulle. Les diamètres équivalents des bulles traversant le micro-canal à partir de leur éjection diminuent en fonction du temps à cause de la condensation de la vapeur à l'interface des bulles. En étudiant l'influence de la vitesse massique total sur la structure de l'écoulement, on remarque qu'en réduisant la vitesse massique à l'entrée du micro-canal, une diminution de la vitesse des bulles dans le micro-canal et de la taille du bouchon liquide entre deux bulles voisines est constaté. L'augmentation de la vitesse massique à l'entrée du micro-canal a tendance à augmenter l'espace occupé par l'écoulement annulaire en raison de la vitesse de la vapeur à l'entrée du micro-canal et aussi de la vitesse des bulles éjectées et de la durée du cycle de l'écoulement. L'analyse de l'épaisseur du film liquide en condensation montre les évolutions de l'épaisseur de condensat au dessus et en dessous de l'écoulement vapeur pour différentes phases du cycle. L'originalité d'un nouveau type de micro-canal structuré dans le domaine de la condensation révèle de nouveaux phénomènes physiques et une modification des structures d'écoulement diphasiques lors de la condensation en micro-canaux.

CHAPITRE IV :
RESULTATS EXPERIMENTAUX :
COEFFICIENTS D'ECHANGE THERMIQUE ET
STRUCTURES D'ECOULEMENTS

IV.

RESULTATS EXPERIMENTAUX : COEFFICIENTS D'ECHANGE THERMIQUE ET STRUCTURE D'ECOULEMENTS

Divisé en trois parties, ce chapitre présente des résultats expérimentaux analysant les profils des températures de surface du micro-canal et les coefficients d'échange thermique en fonction des structures des écoulements en condensation. La première partie présente les écoulements instationnaires : écoulements annulaires à bouchons liquides et à bulles allongées et écoulements annulaires et à bulles. La distribution locale de la température de surface, celle du coefficient d'échange thermique et celle de la densité de flux thermique sont analysées. La deuxième partie de ce chapitre est réservée aux écoulements développés. Elle est consacrée à l'étude de l'influence de la structure de l'écoulement sur la température locale de surface et sur le coefficient d'échange thermique local. L'effet de la vitesse massique totale et celui du diamètre hydraulique sur le coefficient d'échange thermique local sont étudiés. La troisième partie termine ce chapitre par une conclusion.

IV.1. ECOULEMENTS INSTATIONNAIRES

IV. 1.1. Ecoulement annulaire/bouchons/bulles allongées

a- *Distribution de la température de surface*

La figure IV.1 présente des images vidéo de différentes structures d'écoulements obtenus pour une pression d'entrée de la vapeur de 1,4 x 10^5 Pa et une température de la vapeur à l'entrée de 110°C. La température d'entrée de l'eau de refroidissement est fixée à 20°C. La vitesse massique totale est de 125 kg/m²s et le nombre de Reynolds correspondant est de 3350. Dans ces conditions, l'écoulement diphasique observé est périodique dans le micro-canal et il est constitué par une succession de différentes structures occupant entièrement le canal. Dans la littérature, Wu and Cheng (2005) ont identifié des écoulements périodiques dans un microcondenseur constitué de micro-canaux parallèles. Ils ont constaté que l'écoulement annulaire avec production continue de bulles disparait périodiquement en induisant une disparition périodique de l'écoulement à bouchons liquides de la partie inférieure du micro-canal et de l'écoulement annulaire à proximité de l'entrée du micro-canal.

Dans ce paragraphe, nous présentons une analyse du comportement thermique d'un écoulement en condensation constitué par une succession de quatre structures d'écoulement qui apparaissent au cours de chaque période : écoulement annulaire à microgouttes liquides, écoulement annulaire, écoulement à bouchons liquides et celui à bulles allongées. Ces écoulements périodiques sont également observés par Wu et Cheng (2007). Dans notre cas, l'écoulement annulaire à microgouttes liquides occupe uniquement la moitié du micro-canal comme le montre la figure IV.1a. L'écoulement oscillatoire est établi à proximité de l'entrée du micro-canal comme le montre la figure IV.1b. La création des microgouttelettes dans l'écoulement annulaire est due principalement aux forces de tension superficielle qui sont prédominantes dans le micro-canal. L'écoulement oscillatoire est caractérisé par un déplacement de la vapeur dans le micro-canal sous forme de spirales. L'arrivée de la vapeur en continue à l'entrée du micro-canal, augmente les forces interfaciales jusqu'à ce qu'elles dépassent les forces capillaires. Dans ce cas, la transition de l'écoulement annulaire à microgouttes liquides à l'écoulement annulaire sans microgouttelettes se déclenche comme le montre la figure IV.1.c. Dans cette configuration, l'écoulement de la vapeur a suffisamment d'énergie pour pousser le condensat entre l'interface de la vapeur et la surface d'échange. Comme nous l'avons expliqué précédemment, la formation des bulles est due à la présence des instabilités hydrodynamiques. La figure IV.1d montre la présence de bulles allongées dont la taille est de l'ordre de 800 µm. La taille de ces bulles peut augmenter à cause de l'arrivée de la vapeur en continue à l'entrée du micro-canal (figure IV.1e). Quand les bulles deviennent instables dans le micro-canal, l'écoulement annulaire avec des microgouttelettes réapparaît comme l'a discuté Triplet et al. (1999).

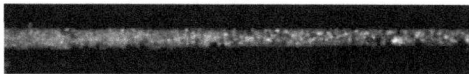

(a)

(b)

(c)

(d)

(e)

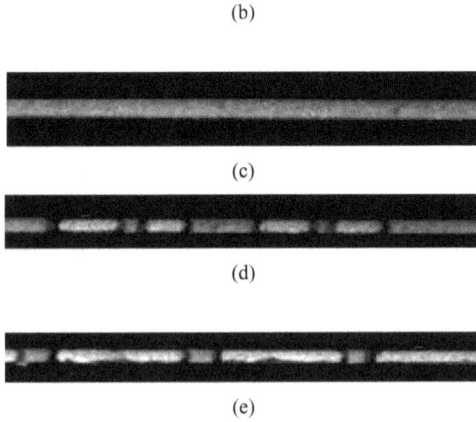

Figure IV.1. Structures d'écoulements en condensation : (a) écoulement annulaire avec microgouttelettes, (b) écoulement oscillatoire, (c) écoulement annulaire, (d) écoulement à bouchons, (e) écoulement à bulles allongées.

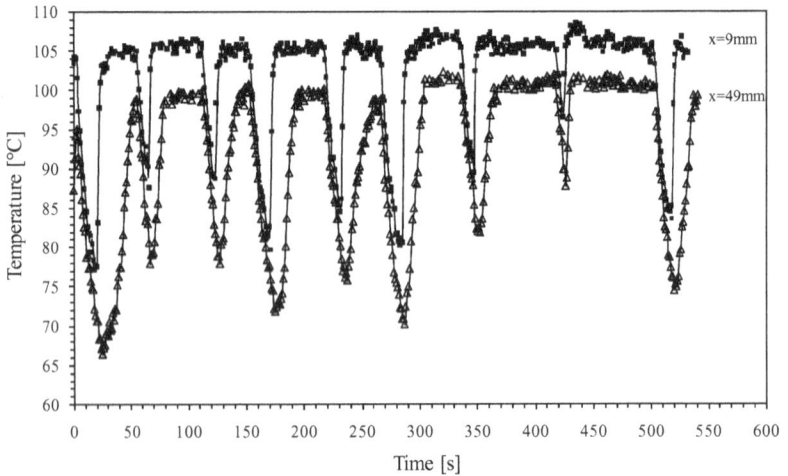

Figure IV.2. Cycle de l'écoulement périodique : annulaire avec microgouttelettes/annulaire/bouchons/bulles allongées.

La figure IV.2 montre l'évolution temporelle de la température de surface mesurée pour deux locations des microthermocouples placés dans les rainures en silicium. On montre que les réponses en températures mesurées à 9 mm et 49 mm loin de l'entrée du micro-canal sont périodiques durant le temps. Pour chaque location x dans le micro-canal, la variation maximale de la température durant le temps est de l'ordre de 30°C. La période de chaque cycle est de l'ordre de 60 s. Durant chaque période, l'écoulement en condensation dans le micro-canal change de structure. Il passe de l'écoulement annulaire avec microgouttelettes à l'écoulement à bulles allongées comme cela a été expliqué précédemment.

Il est clair que la variation de la température pour chaque période est reliée à la structure de l'écoulement en condensation dans le micro-canal. La figure IV.3 présente, pour une seule période du cycle de l'écoulement (figure IV.2), toutes les températures de surface mesurées avec les microthermocouples dans les rainures en silicium. La température de surface diminue de l'entrée du micro-canal jusqu'à sa sortie car le taux de condensation et le flux thermique sont plus importants à l'entrée du micro-canal qu'à proximité de sa sortie. De ce fait, la variation temporelle de la température de surface est fortement reliée à la structure de l'écoulement en condensation.

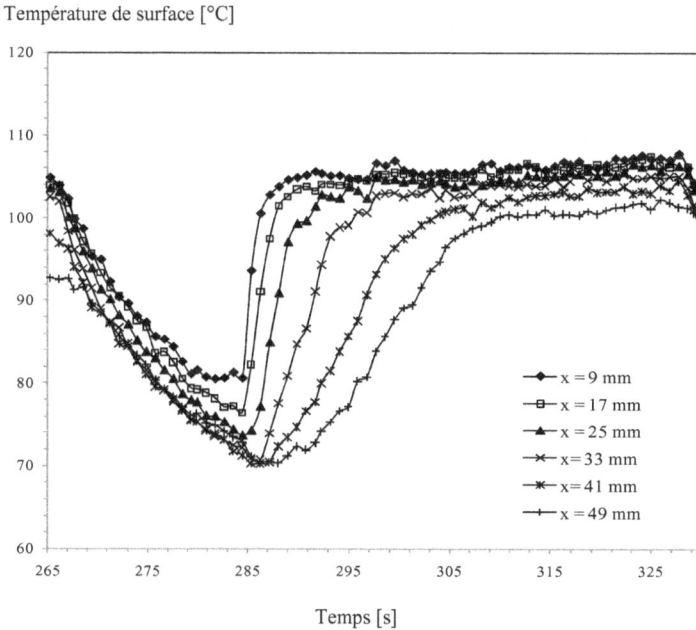

Figure IV.3. Profils des températures de surface du micro-canal.

Dans le but de définir le lien entre les températures de surface et la structure de l'écoulement diphasique, nous avons conduit des procédures simultanées de mesures de températures de surface et de visualisation des structures des écoulements dans le micro-canal. La figure IV.4 montre l'évolution temporelle de la différence entre les températures mesurées par les thermocouples placés à 1 mm de l'entrée du micro-canal et à 1mm de la sortie du micro-canal (x = 49 mm). Elle présente également le profil temporel de la température obtenue par le microthermocouple 2 qui est placé à x=9 mm de l'entrée du micro-canal. L'analyse de la structure de l'écoulement enregistrée durant cet essai, montre que pour chaque période, la température de l'écoulement annulaire avec microgouttelettes et oscillatoire est maximale et reste sensiblement constante au cours du temps. D'après la figure IV.4, cet écoulement traverse le microthermocouple 2 durant approximativement 38 s. Cette phase de l'écoulement est désignée par la phase numéro 1 dans la figure IV.4. Dans la seconde phase ($268 \le t \le 286$ s), l'écoulement annulaire occupe toute la longueur du micro-canal. Dans ce cas, on remarque que la température de surface diminue au cours du temps à cause de l'arrivée en continue du fluide de refroidissement dont la température d'entrée est stable au cours du temps ; ce qui entraine une augmentation de l'épaisseur du microfilm liquide durant le temps. Par conséquent, la vitesse de la vapeur diminue et entraîne la formation de bouchons liquides. Cette étape est illustrée dans la figure IV.4 durant un intervalle de temps compris entre 286 et 290s et désignée par le numéro 3. On remarque que durant cette étape, la température de surface augmente entraînant une réduction du taux de condensation et par conséquent, une augmentation du titre vapeur. Durant toute la période, l'écoulement annulaire occupe le micro-canal durant 19 s et celui à bouchons liquides occupe le micro-canal durant 5 s. L'écoulement annulaire avec microgouttelettes occupe toute la longueur du micro-canal durant une large période de temps qui dure 30 s. Les résultats présentés dans la figure IV.3 montrent que tous les thermocouples indiquent que la transition de l'écoulement annulaire avec microgouttelettes à l'écoulement annulaire est obtenue à t=268s et que la transition de l'écoulement annulaire à l'écoulement à bouchons est obtenue à t=286s. Cependant, l'instant à laquelle la transition entre l'écoulement à bouchons et l'écoulement annulaire avec microgouttelettes dépend de la location x du thermocouple. Autrement, la transition de l'écoulement à bouchons à l'écoulement annulaire avec microgouttelettes est produite à t=290 s pour le thermocouple placé à x=9mm et à t=306 s pour le thermocouple placé à x = 49 mm. L'analyse des images vidéo obtenues montre qu'à t = 290 s, l'écoulement annulaire avec microgouttelettes occupe approximativement 9mm à partir de l'entrée du micro-canal. La longueur restante est occupée par l'écoulement à bouchons liquides. A t=306s, l'écoulement annulaire avec microgouttelettes se déplace vers x= 49 mm et traverse tous les thermocouples.

Durant cette étape, les bouchons liquides à proximité de la sortie du micro-canal retardent l'avancement de l'écoulement annulaire avec microgouttelettes de l'entrée vers la sortie du micro-canal. A t= 306s, toutes les bulles sont évacuées du micro-canal et l'écoulement annulaire à microgouttelettes a occupé entièrement le micro-canal durant 22 s.

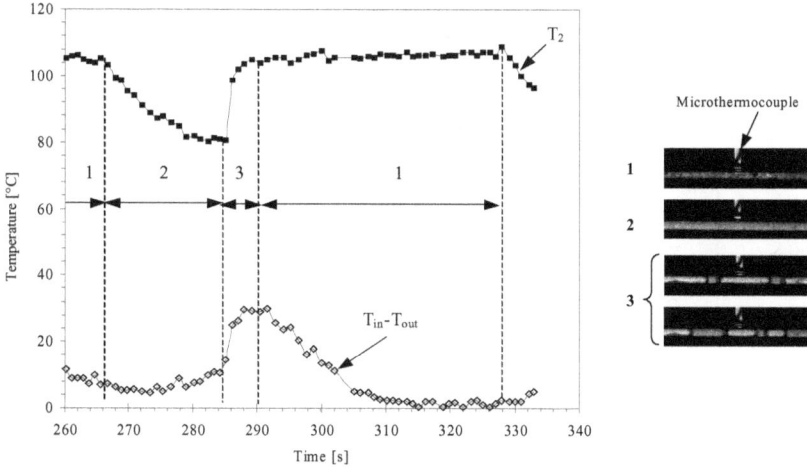

Figure IV.4. Température de surface et structure de l'écoulement en condensation dans le micro-canal.

La figure IV.4 montre que l'écart maximal entre les températures d'entrée et de sortie est obtenu au début de la transition entre l'écoulement à bouchons et l'écoulement annulaire à microgouttelettes (à t ≈ 290 s). Ceci peut être expliqué par la présence de l'écoulement annulaire à microgouttelettes à proximité de l'entrée du micro-canal entrainant une forte température de surface et de l'écoulement à bouchons proche de la sortie du micro-canal accompagné par une très faible température de surface.

b- *Analyse du transfert thermique local*

Les figures IV.5 a, b et c présentent la distribution locale de la température de surface pour l'écoulement annulaire à microgouttelettes, l'écoulement annulaire et l'écoulement à bouchons liquides. Ces profils de température sont déduits des résultats présentés en figure IV.3. Pour l'écoulement annulaire à microgouttelettes, la température de surface varie faiblement au cours du temps (figure IV.5a). Par conséquent, le transfert thermique pour l'écoulement annulaire à microgouttelettes peut être considéré comme étant permanent. Pour l'écoulement annulaire, la température de surface dépend du temps et l'écoulement en condensation est par conséquent transitoire (figure IV.5b). Cependant, la variation de la température de surface est très faible en fonction du temps et la différence entre la température de surface mesurée à proximité de l'entrée et de la sortie du micro-canal est approximativement la même (environ 7°C) pour les deux écoulements : annulaire à microgouttelettes et annulaire sans microgouttelettes.

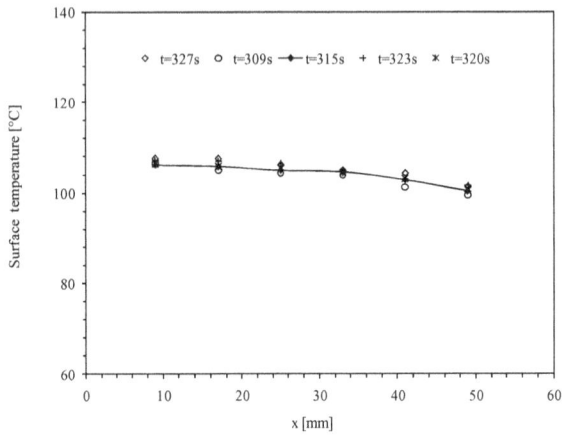

(a)

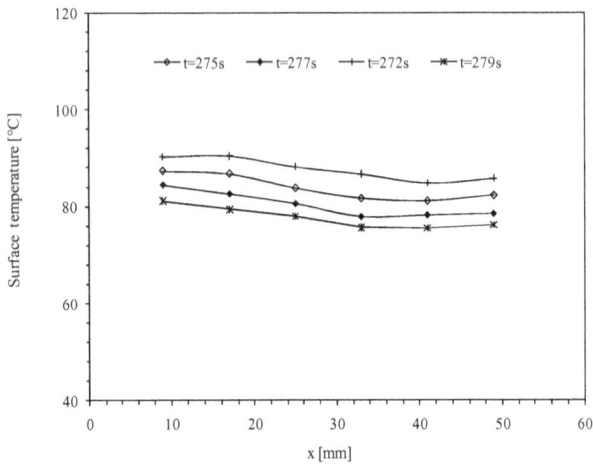

(b)

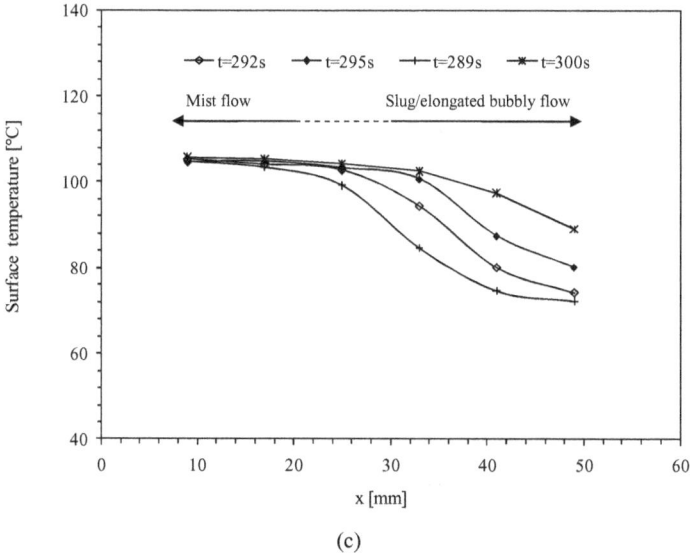

(c)

Figure IV.5. Distribution locale des températures de surface: (a) écoulement annulaire à microgouttelettes (b) écoulement annulaire, (c) écoulements annulaire à microgouttelettes/bouchons liquides.

La figure IV.5c présente les températures de surface locales dans le cas où le micro-canal est occupé par les deux écoulements : écoulement annulaire à microgouttelettes et celui à bouchons et à bulles allongées. Pour la zone où l'écoulement est annulaire à microgouttelettes, la distribution locale de la température de surface est uniforme suivant le sens de l'écoulement. Cependant, pour l'écoulement à bulles allongées, la température de surface varie en fonction du temps et du sens de l'écoulement. Ceci est dû au fait que l'écoulement à bouchons liquides varie de structure suivant le temps et le sens de l'écoulement. La figure IV.5c montre que la longueur occupée par l'écoulement annulaire à microgouttelettes augmente au cours du temps à cause de l'arrivée permanent de la vapeur à l'entrée du micro-canal. Elle est de l'ordre de 25 mm à t = 294 s et elle atteint environ 33 mm à t = 306 s.

La figure IV.6a présente la distribution du flux thermique au cours d'une période pour différentes positions x le long du micro-canal (x = 9 mm, x = 17 mm, x = 33 mm, and x = 41 mm). On remarque que pour l'écoulement annulaire à microgouttelettes

(306 s<t<328 s), la densité du flux local varie faiblement en fonction du temps et suivant le sens de l'écoulement. Cependant, pour l'écoulement annulaire (268 s<t<286 s), la densité du flux local est uniforme tout au long du micro-canal et elle diminue au cours du temps. Pour un intervalle de temps compris entre 286 s et 306 s correspondant à la présence dans le micro-canal des écoulements à bouchons/bulles allongées avec la zone de transition vers l'écoulement annulaire à microgouttelettes, la densité de flux thermique local dépend à la fois du temps et de la position x suivant le sens de l'écoulement. Pour cette raison, nous avons calculé le flux thermique moyen durant le temps pour chaque structure d'écoulement dans le micro-canal (figure IV.6b). On montre que pour l'écoulement annulaire à microgouttelettes et l'écoulement annulaire, la densité de flux thermique local est indépendante de la position x dans le micro-canal ce qui n'est pas le cas pour l'écoulement à bouchons/ à bulles allongées. La figure IV.6b confirme également que la densité du flux thermique local dépend non seulement de la vitesse massique et du taux de condensation mais également de la structure de l'écoulement en condensation.

Densité de flux thermique locale [W/cm²]

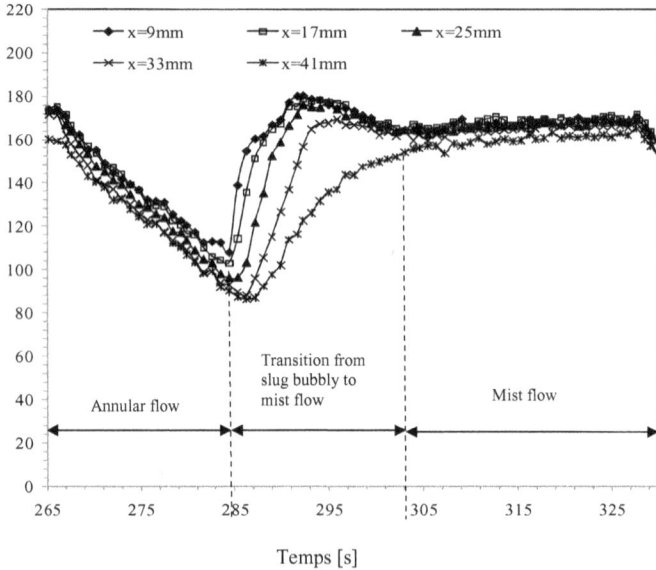

(a)

Densité de flux thermique locale [W/cm²]

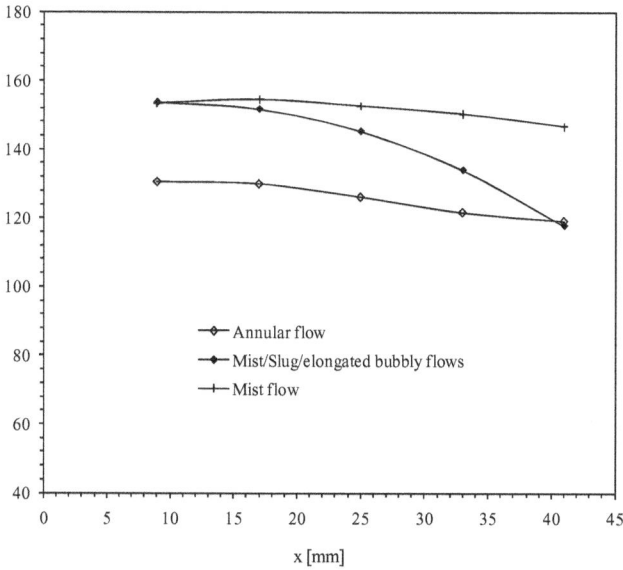

x [mm]

(b)

Figure IV.6. Densité de flux thermique locale : (a) évolution transitoire durant une période,
(b) distribution spatial suivant le sens de l'écoulement.

Le coefficient d'échange thermique local est étudié uniquement en écoulement annulaire à microgouttelettes vu que les évolutions des températures mesurées pour cet écoulement sont stables au cours du temps. La figure IV.7a montre un exemple de distributions locales de la température de surface, de la pression de saturation et de la température du fluide dans le micro-canal. Ces résultats sont obtenus pour une vitesse masique de 145kg/m²s. La température locale du fluide dans le micro-canal est déduite de la pression locale de saturation calculée à partir des équations présentées dans le chapitre II. La figure IV.7b compare les coefficients d'échange thermique locaux en fonction du titre vapeur pour deux vitesses massiques 125 kg/m²s et 145 kg/m²s. Le titre local est déterminé en assumant que la vapeur dans le micro-canal est à l'état saturé.

122

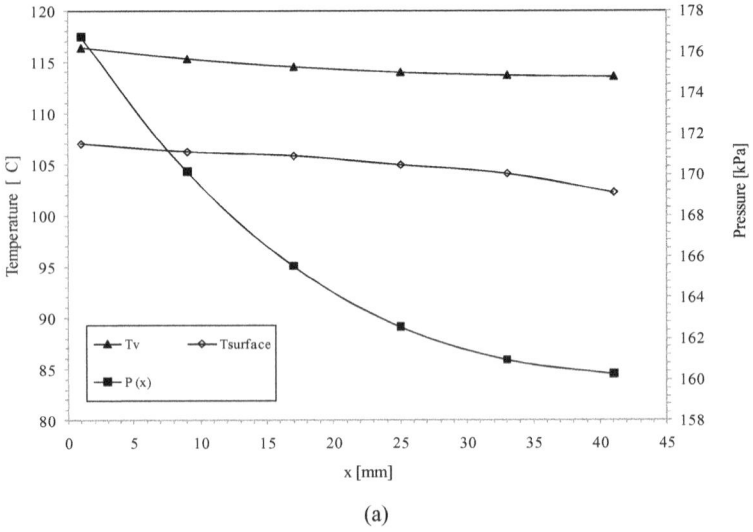

(a)

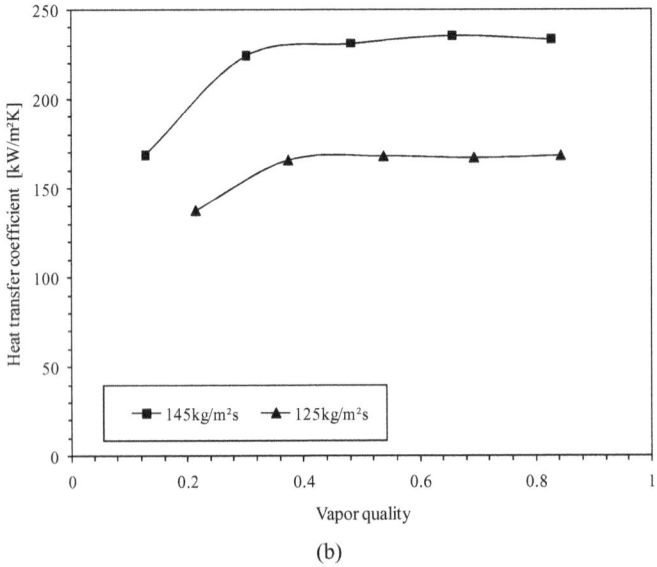

(b)

Figure IV.7. Evolutions locales pour 125 kg/m²s : (a) température de surface, température du fluide et pression, (b) coefficient d'échange thermique local en fonction du titre.

Pour les deux vitesses massiques, l'écoulement annulaire à microgouttelettes est développé tout au long du micro-canal. Le coefficient d'échange thermique local augmente avec le titre vapeur. Il est faible proche de la sortie du micro-canal où le titre vapeur est faible. En accord avec le processus de transfert thermique, le coefficient d'échange thermique en condensation est dominé par la résistance thermique du film de condensat qui augmente en réduisant la vitesse d'écoulement et le titre vapeur. Autrement, l'augmentation de la vitesse de la vapeur entraine une croissance des contraintes interfaciales et une faible résistance thermique.

IV.1.2. Ecoulement annulaire et à bulles

a- *Distribution de la température de surface*

Température de surface [°C]

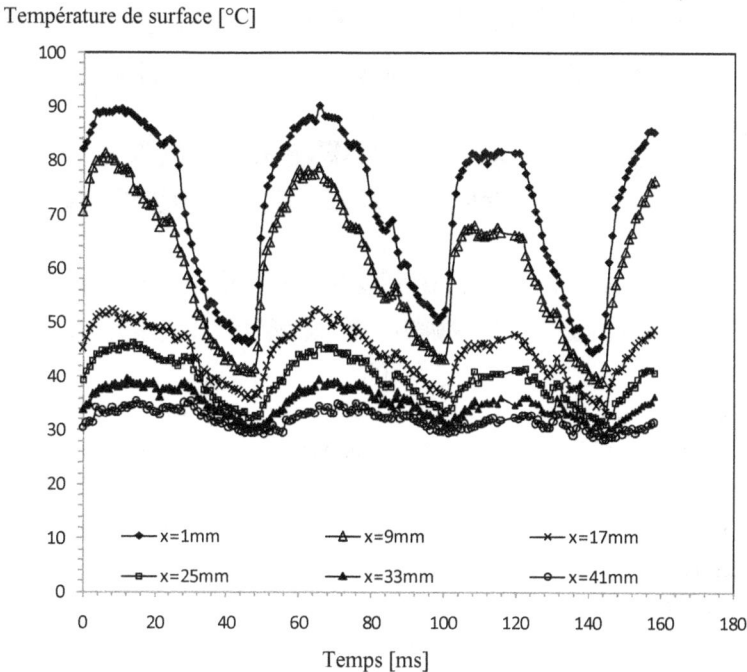

Figure IV.8. Cycle périodique pour l'écoulement annulaire et à bulles.

Pour une température d'entrée de la vapeur de 116°C et une pression d'entrée de 1,8x10^5 Pa, l'écoulement annulaire et à bulles s'établit dans le micro-canal pour une vitesse masique total de 25 kg/m²s. Cette vitesse massique correspond à un nombre de Reynolds de 670. Le débit massique de l'eau de refroidissement est de 33 kg/h. La température d'entrée de l'eau de refroidissement est de 19°C. La figure IV.8 présente les températures de surface mesurées avec les microthermocouples placés à 1, 9, 17, 25, 33, 41 et 49 mm loin de l'entrée du micro-canal. L'écoulement diphasique obtenu pour ces conditions est périodique et le cycle de cet écoulement est répété toute les 50 s. Ces températures correspondent à quatre différentes structures d'écoulements présentés par la figure IV.9.

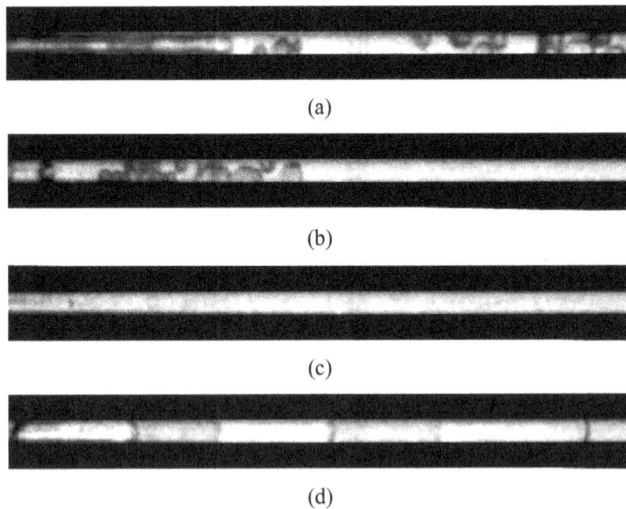

(a)

(b)

(c)

(d)

Figure IV.9. Différentes structures d'écoulement: (a) écoulement annulaire et à bulles, (b) écoulement à bulles, (c) écoulement annulaire, (d) écoulement à bouchons.

La figure IV.10 montre les évolutions temporelles de toutes les températures de surface mesurées durant une période (T = 50 s) et à différentes positions x suivant le sens de l'écoulement (x = 1 mm, x = 9 mm, x = 17 mm, x = 25 mm, x = 33 mm, and x = 41 mm). On remarque que toutes les réponses des microthermocouples ont les mêmes profiles. Les températures mesurées proche de l'entrée du micro-canal à x = 1 mm et x = 9 mm ont une très large variation de température durant le temps car la structure de l'écoulement en condensation change fortement dans cette zone du micro-canal. Le lien entre la structure de l'écoulement en condensation et les températures mesurées est défini en utilisant une synchronisation entre les images vidéo enregistrées et les températures de surface mesurées.

Température de surface [°C]

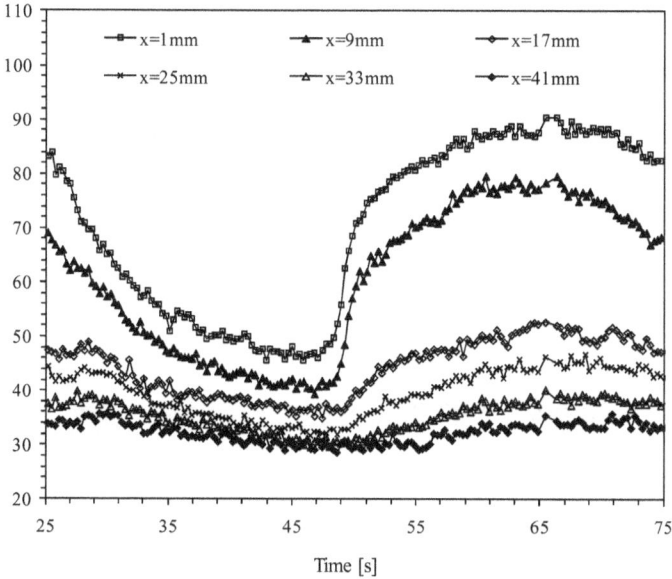

Figure IV.10. Evolution temporelle de la température de surface durant une période du cycle.

La figure IV.11 présente des images vidéo des différentes structures d'écoulement identifies dans le micro-canal et la réponse en température du microthermocouple placé à x = 9mm. Comme cela a été expliqué auparavant, la diminution de la température de l'écoulement annulaire résulte de la formation d'un film de condensat conséquent et d'un faible titre vapeur. Après la transition entre l'écoulement annulaire et l'écoulement à bulles allongées, le taux de condensation est augmenté en réduisant la fraction de la vapeur et en augmentant la température de surface durant le temps. Pour l'écoulement annulaire avec éjection continue de bulles isolées, la température de surface varie d'une manière non négligeable avec le temps et atteint son maximum dans cette zone. Pour l'écoulement à bulles isolées, la température de surface diminue car la phase liquide occupe approximativement 80% de la longueur du micro-canal et l'accumulation des bulles vers la sortie du micro-canal bloque l'évacuation du condensat. Par conséquent, la vitesse de l'écoulement associée aux forces de viscosité gouvernant l'écoulement des bulles isolées et de la vapeur décroit en réduisant les phénomènes de transfert convectif.

Température de surface [°C]

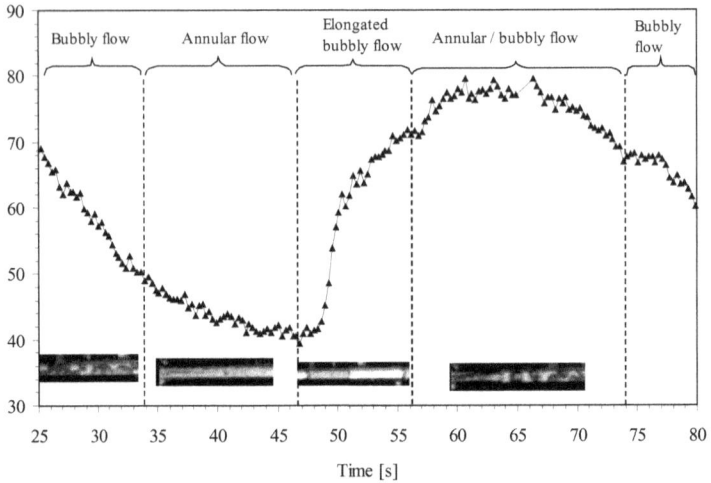

Figure IV.11. Température de surface et structures d'écoulement correspondantes.

b- *Densité de flux thermique local*

La figure IV.12 présente la densité de flux thermique locale pour une période de l'écoulement annulaire à bulles isolées présenté en figure IV.9. A chaque instant, la densité de flux thermique est importante à proximité de l'entrée du micro-canal (à x = 9mm) où on a enregistré une importante variation de la structure de l'écoulement diphasique. La densité de flux thermique locale est maximale dans cette zone à cause de la présence de la zone de production des bulles qui doit augmenter le mouvement du fluide et améliorer le transport par convection. Sachant que les températures obtenues pour l'écoulement annulaire seul et l'écoulement annulaire avec éjection de bulles sont sensiblement constantes, les évolutions locales des densités de flux thermique et des coefficients d'échange thermique sont étudiées uniquement pour ces deux écoulements.

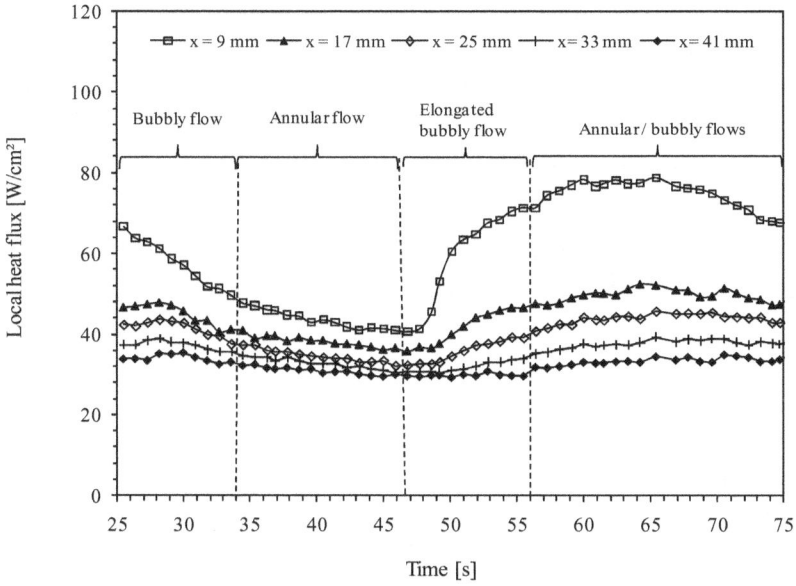

Figure IV.12. Densité de flux thermique local.

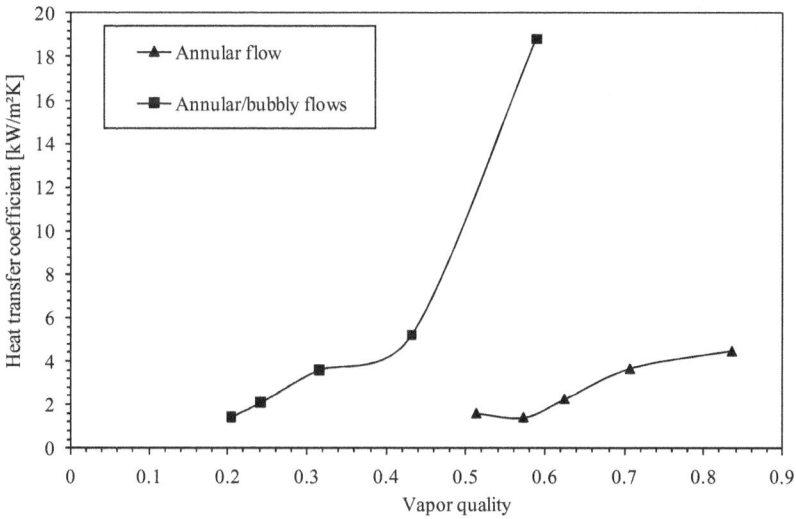

Figure IV.13. Coefficient d'échange thermique local en fonction du titre vapeur.

Comme le montre les figure IV.13, pour chaque structure de l'écoulement, le transfert thermique augmente avec le titre de la vapeur à cause de la faible résistance thermique liée à l'épaisseur du film de condensat. Le coefficient d'échange thermique est plus important pour l'écoulement annulaire avec éjection de bulles car le déplacement des bulles entraine une agitation du film liquide et améliore le transfert convectif.

c- *Effet de la vitesse massique totale sur l'écoulement annulaire et à bulles.*

La figure IV.14 montre l'effet de la vitesse massique totale à l'entrée du micro-canal sur la distribution locale du coefficient d'échange thermique. Pour chaque valeur testée de la vitesse massique, l'écoulement annulaire est établi dans le micro-canal à proximité de l'entrée. Des bulles isolées sont formées en continue est éjectée de l'extrémité de l'écoulement annulaire. La taille de l'écoulement annulaire est influencée par la vitesse d'écoulement de la vapeur et de la puissance de refroidissement.

Coefficient d'échange thermique [kW/m²K]

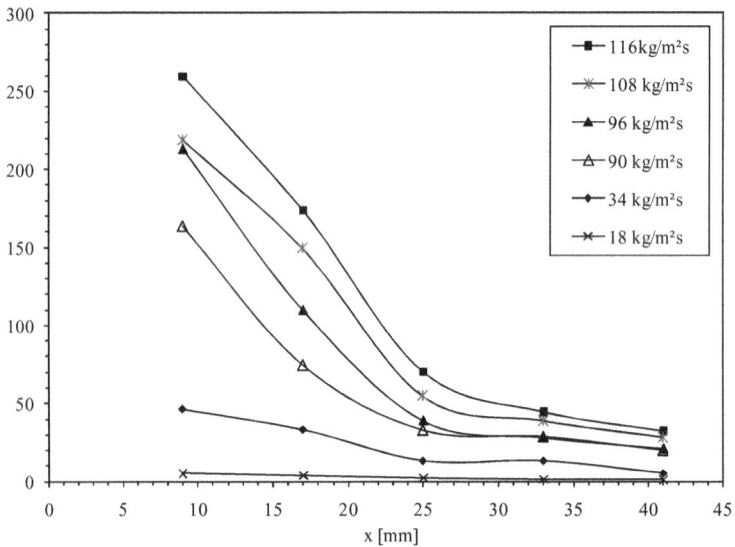

Figure IV.14. Coefficient d'échange thermique local pour différents vitesses massiques : écoulement annulaire et à bulles.

La figure IV.14 confirme que pour chaque vitesse massique testée, le coefficient d'échange thermique local reste plus important à proximité de l'entrée du micro-canal que proche de la sortie du micro-canal où on a un écoulement diphasique constitué de bouchons liquides et de bulles. Pour x < 25 mm, le coefficient d'échange thermique local a une grande dépendance de la vitesse massique et de la location x suivant le sens de l'écoulement. Après cette zone, la vitesse massique a un faible effet sur le coefficient d'échange thermique local car le débit massique de la vapeur est faible dans cette zone à cause du processus condensation. Par conséquent, les forces de frottement causées par la vitesse interfaciale sont très limitées. Cependant, lorsque le titre vapeur est important, l'écoulement de la vapeur traverse le micro-canal à grande vitesse et la résistance thermique due à la présence du condensat est faible.

IV.2. ECOULEMENTS DEVELOPPES

IV.2.1. Influence de la structure de l'écoulement sur la température locale

Dans ce paragraphe, nous présentons les résultats obtenus pour des écoulements en condensation développés dans le micro-canal. La figure IV.15b présente les évolutions temporelles des températures de surface obtenues pour la condensation dans un micro-canal de diamètre hydraulique 410,5 µm. Cinq microthermocouples ont été insérés dans le silicium à x = 1 mm (T_1), x = 9 mm (T_2), x = 17 mm (T_3), x = 25 mm (T_4), et x = 33 mm (T_5). La figure IV.15a présente la structure de l'écoulement pour laquelle on a enregistré les températures présentées en figure IV.15b. Les positions des microthermocouples T_3, T_4 et T_5 sont montrées sur l'image en figure IV.15b. Il faut noter que pour cet écoulement, les microthermocouples T_4 et T_5 sont placés dans la zone où l'écoulement est constitué par des bulles occupant toute la section du micro-canal et traversant un écoulement de liquide formé par condensation de la vapeur. Comme le montre la figure IV.15a, les microthermocouples T_1, T_2 et T_3 sont placés dans la zone où l'écoulement est annulaire. On montre que pour chaque instant, les températures sont maximales à proximité de l'entrée du micro-canal où le titre de la vapeur est maximal. Toutes les températures mesurées varient faiblement au cours du temps à l'exception des microthermocouples T_3 et T_4 placés respectivement à x=17mm et x=25mm où les températures présentent des fluctuations d'environ 8°C au maximum causées probablement par la variation de la longueur de l'écoulement annulaire durant le temps. En régime permanent, les températures locales mesurées le long du micro-canal sont présentées par la figure IV.15c. On montre qu'en régime stationnaire, la température de surface est maximale et aussi uniforme dans la zone où la vapeur traverse les microthermocouples entourées d'un microfilm liquide. La structure du condensat dans cette zone définie à x inférieure à 17 mm est la même à l'exception que le film de condensat a une épaisseur qui augment en s'approchant de l'extrémité de l'écoulement de la vapeur. Ceci explique pourquoi la différence de températures T_1 et T_3 est très faible comparée à celle relevée entre T_3 et T_5 placés dans la seconde zone et qui est de l'ordre de 25°C. Dans cette seconde, la fraction vapeur est faible et le condensat occupe une grande part du micro-canal.

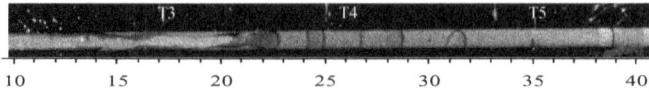

(a)

Température de surface [°C]

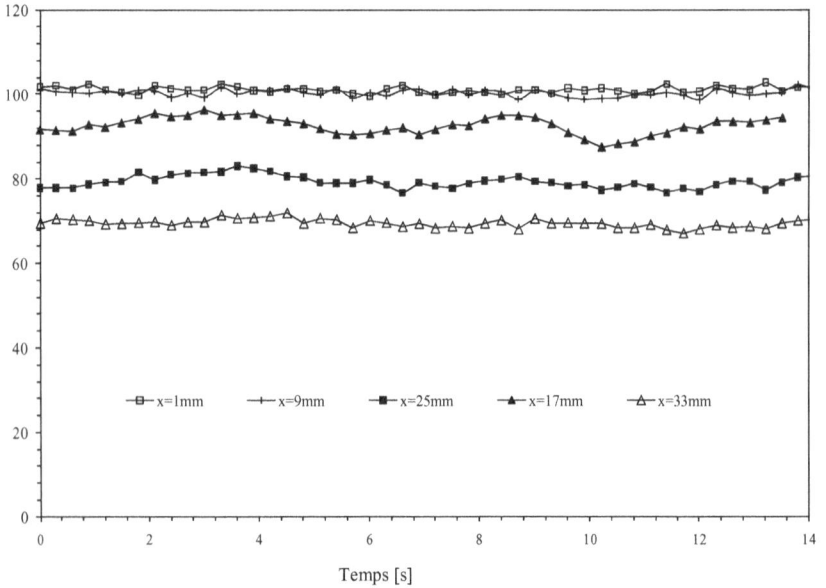

Temps [s]

(b)

Température de surface [°C]

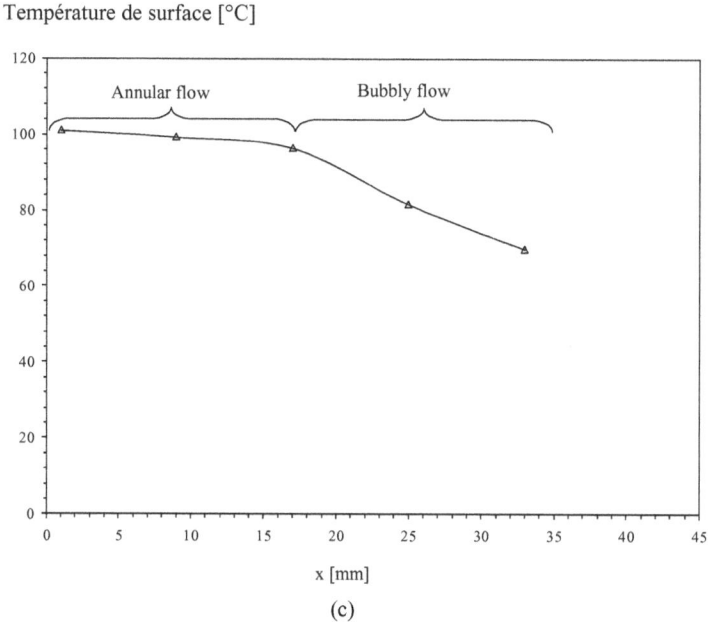

x [mm]

(c)

Figure IV.15: Ecoulements annulaire et à bulles : (a) image vidéo de l'écoulement, (b) température temporelle de surface, (c) température axiale de la surface.

La figure IV.16b montre les températures mesurées en fonction du temps pour l'écoulement à bouchons dont la structure est présentée par la figure IV.16a. Les tailles des bulles de vapeur et des bouchons liquides sont sensiblement équivalentes tout au long du micro-canal. En régime permanent, la figure IV.16c présente la distribution locale de la température de surface suivant le sens de l'écoulement. On remarque que contrairement à l'écoulement annulaire (présenté en figure IV.15c), la distribution de la température de surface pour l'écoulement à bouchons liquides a une large variation entre l'entrée et la sortie du micro-canal. Ceci est due au fait que pour l'écoulement à bouchons liquides, la variation du titre vapeur est conséquente tout au long du micro-canal et la vapeur a suffisamment d'énergie pour pousser les bouchons liquides vers la sortie du micro-canal.

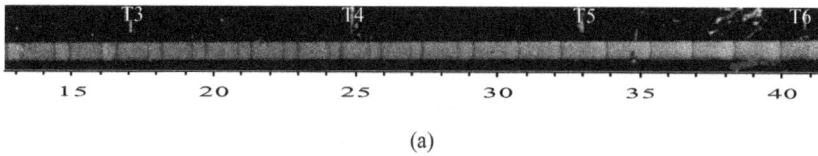

(a)

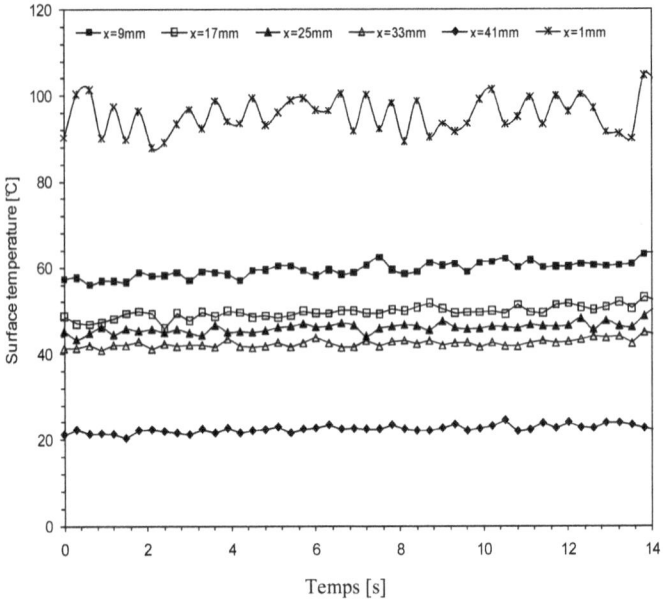

(b)

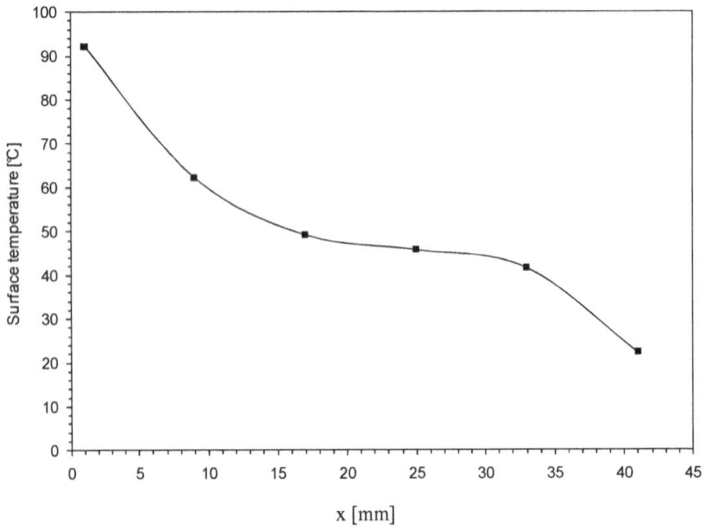

(c)

Figure IV.16: Ecoulement à bouchons liquides: (a) image vidéo de l'écoulement, (b) température temporelle de la surface, (c) température axiale de la surface.

IV.2.2. Influence de la structure de l'écoulement sur le coefficient d'échange thermique local

L'influence de la structure de l'écoulement sur le transfert thermique local est conduite dans le cas de la condensation dans le micro-canal de 305µm de diamètre hydraulique. Nous avons effectué des essais avec différents débits vapeur choisis judicieusement afin d'obtenir des structures d'écoulement tels que celles présentées en figure IV.17. L'écoulement annulaire à microgouttelettes (figure IV.17a) est obtenu pour une vitesse masique de la vapeur de 161 kg/m²s. En réduisant la vitesse massique de 161 à 85 kg/m²s, la structure de l'écoulement devient annulaire et à bulles (figure IV.17b). Pour une vitesse massique de 49kg/m²s, la structure de l'écoulement en condensation présente des bouchons liquides et des bulles allongées occupant tout le micro-canal comme le montre la figure IV.17c.

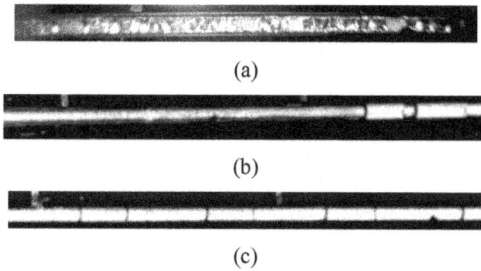

(a)

(b)

(c)

Figure IV.17 : Condensation dans un micro-canal : (a) écoulement annulaire à microgouttelettes, (b) écoulement annulaire et à bulles, (c) écoulement à bulles et bouchons liquides.

Les figures IV.18 présente les réponses des microthermocouples placés dans les microrainures. Les températures mesurées restent sensiblement uniformes au cours temps. Ceci confirme le caractère stationnaire de l'écoulement en condensation. En comparant les trois figures, on remarque que les températures sont stables pour le cas de la condensation à microgouttelettes et pour celui de la condensation annulaire. Cependant, pour la condensation à bulles et bouchons liquides, les profiles de température présentent quelques fluctuations de ±2°C qui peuvent être dues aux passages des bulles de vapeur et des bouchons liquides. On remarque également que les températures de surface sont minimales pour ce dernier écoulement.

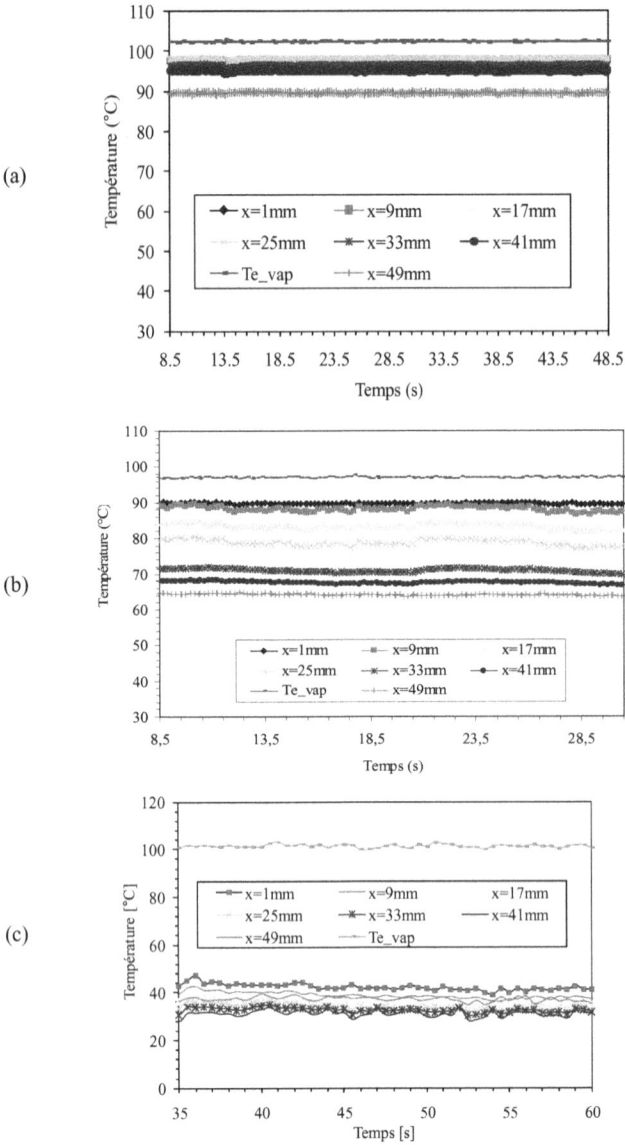

Figure IV.18 : Température de surface en fonction du temps : (a) écoulement annulaire à microgouttelettes, (b) écoulement annulaire et à bulles, (c) écoulement à bulles et bouchons liquides.

La figure IV.19 montre la répartition de la température de surface suivant le sens de l'écoulement. Pour chaque abscisse x, la température est calculée en effectuant la moyenne de toutes les températures relevées au cours du temps. On montre la température de surface pour la condensation à microgouttelettes est maximale et sensiblement uniforme suivant le sens de l'écoulement car la structure de l'écoulement est la même. La présence de condensat en contact avec la surface d'échange représente une résistance thermique et contribue à réduire la température de surface et limiter les transferts thermiques. Ce qui est le cas d'écoulement annulaire où les températures de surface restent inférieures à celles mesurées pour la condensation à microgouttelettes et plus importantes que celles obtenues pour la condensation avec présence de bouchons liquides.

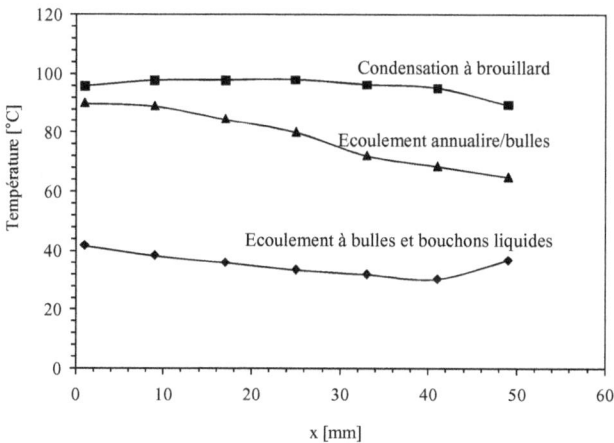

Figure IV.19 : Températures de surface locales pour les différentes structures d'écoulement.

La figure IV.20 présente les densités de flux thermique locales mesurées pour chaque structure d'écoulement. On montre que la densité de flux est sensiblement uniforme pour la condensation à microgouttelettes et pour celle à bouchons liquides. Les coefficients d'échange thermique locaux sont présentés dans la figure IV.21. Le minimum est obtenu pour l'écoulement à bouchons liquides car la vitesse d'écoulement est faible et la présence de bouchons contribue à un ralentissement supplémentaire de l'écoulement. La condensation à microgouttelettes présentée généralement à très grande vitesse d'écoulement offre un coefficient d'échange thermique maximal car la résistance thermique entre la surface d'échange thermique et le condensat est sensiblement négligeable. Ce qui n'est pas le cas pour l'écoulement annulaire où un microfilm liquide est présent en continu en contact avec la surface d'échange.

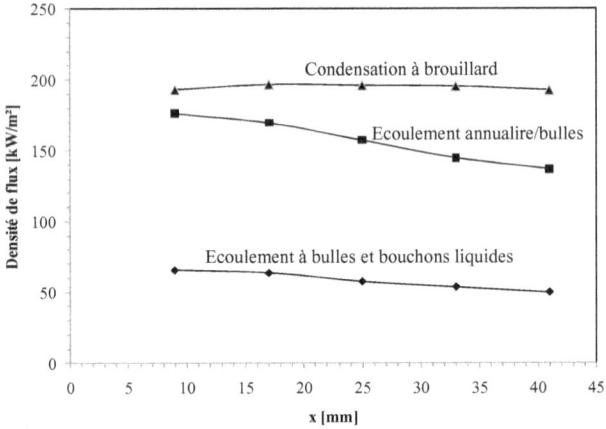

Figure IV.20 : Densités de flux thermique locales pour les différentes structures d'écoulement.

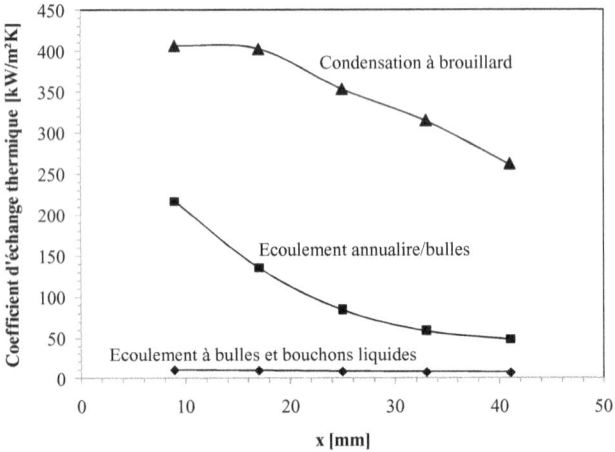

Figure IV.21 : Coefficients d'échange thermique locaux pour les différentes structures d'écoulement.

IV.2.3. Influence de la vitesse massique totale sur le coefficient d'échange thermique local

On a montré dans le chapitre précédent que la valeur de la vitesse massique affecte la structure de l'écoulement et par conséquent, le coefficient d'échange thermique local sera modifié. Nous présentons dans la figure IV.22 une comparaison entre les écoulements obtenus dans le cas de la condensation dans le micro-canal de 305 μm de diamètre et pour une vitesse massique totale de 30 kg/m²s et 37 kg/m²s.

(a)

(b)

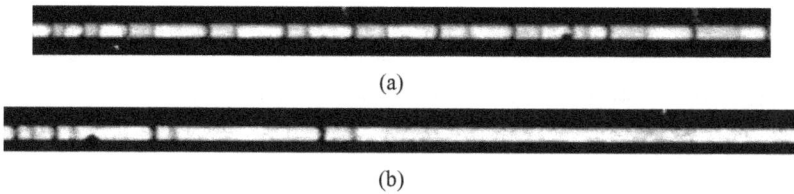

Figure IV.22: Ecoulement à bouchons liquides : (a) 37kg/m²s et (b) 30kg/m²s.

Temps [ms]

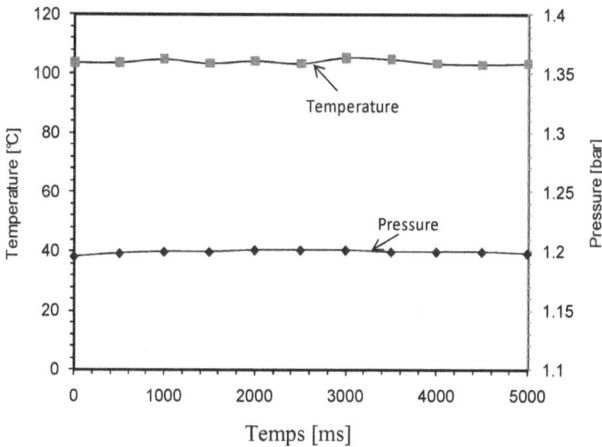

Figure IV.23: Température et pression de la vapeur à l'entrée du micro-canal pour 37 kg/m²s.

La figure IV.23 montre la température et la pression de la vapeur à l'entrée du micro-canal et qui sont comparables à celles fixées pour l'essai à 30 kg/m²s. La température d'entrée de l'eau de refroidissement et son débit massique sont les mêmes pour les deux essais. On montre que

138

la taille des bulles formées est plus importante pour une vitesse masique de 30kg/m²s que pour celui à 37kg/m²s. Ceci peut être expliqué par le fait que l'augmentation de la vitesse massique entraine une augmentation de la vitesse de la vapeur et aussi la différence entre les vitesses interfaciales liquide et vapeur. Les instabilités hydrodynamiques sont par conséquent amplifiées. Pour les deux vitesses massiques (30kg/m²s et 37kg/m²s), les températures locales de surface mesurées en fonction du temps ont les mêmes tendances. La figure IV.24 présente l'évolution axiale de la différence entre la température de saturation à l'entrée de la section d'essai et celle mesurée à x = 9 mm, x = 17 mm, x = 25 mm, x = 33 mm et x = 41 mm. Pour les deux vitesses massiques, on montre que cette différence de températures est faible proche de l'entrée du micro-canal car le transfert thermique est maximal dans cette zone. En s'éloignant de l'entrée, l'écart entre ces températures augmente car la surface d'échange est plus froide dans cette zone à cause de la résistance thermique du condensat.

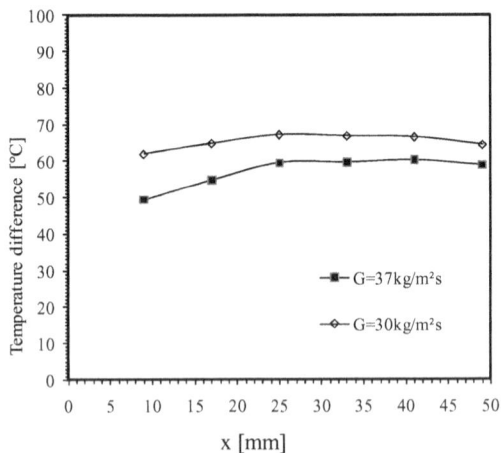

Figure IV.24: Evolution axiale de l'écart entre les températures de saturation et les températures axiales de surface.

On remarque également que l'écart entre les températures est plus importante pour 30 kg/m²s que pour 37 kg/m²s car pour une faible vitesse massique le fluide a suffisamment le temps pour être condensé puisque son temps de séjour dans le micro-canal est plus long. Par conséquent, la température de surface est plus faible pour 30 kg/m²s que pour 37 kg/m²s. Ceci est confirmé par les résultats expérimentaux présentés en figure IV.25 concernant le coefficient d'échange thermique. Dans cette dernière figure, le coefficient d'échange thermique local est maximal à proximité de l'entrée (pour x<25mm) et atteint sa valeur minimale plus loin de cette zone.

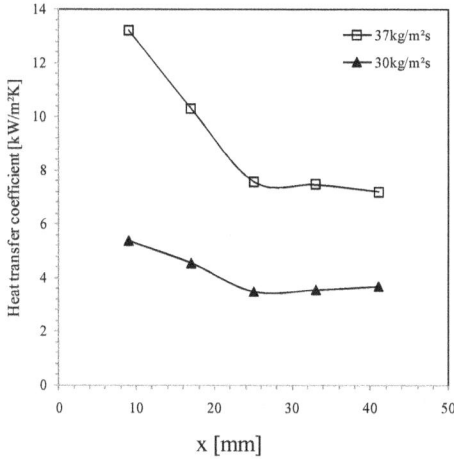

Figure IV.25: Evolution axiale du coefficient d'échange thermique local.

IV.2.4. Influence du diamètre hydraulique sur le coefficient d'échange thermique local

La réduction du diamètre hydraulique entraîne une augmentation de l'effet de la tension de surface et affecte la structure de l'écoulement diphasique. La figure IV.26 présente des images vidéo des écoulements en condensation dans le micro-canal de diamètre 410,5 μm et 305 μm. La vitesse massique totale est de 32 kg/m²s pour le micro-canal de 410,5 μm et de 30 kg/m²s pour 305 μm. En comparant les images vidéo, on constate que la diminution du diamètre hydraulique favorise la formation des instabilités hydrodynamiques et modifie la structure de l'écoulement.

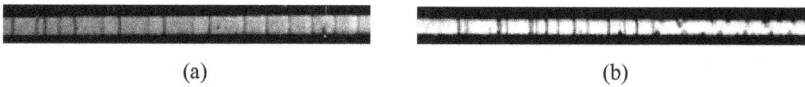

(a)   (b)

Figure IV.26: Ecoulement en condensation: (a) D_h=410,5 μm et 32 Kg/m²s, (b) 305 μm et 30 Kg/m²s.

La figure IV.27 compare les températures de surface mesurées suivant le sens de l'écoulement. Pour le même abscisse x, la température de surface augmente avec la vitesse massique ou le diamètre hydraulique. Dans la première condition, les forces interfacailes sont augmentées mais dans la seconde condition la largeur du micro-canal est augmentée de 300μm (pour D_h=305μm) à 600μm (pour D_h=410.5μm). Par conséquent, la surface d'échange est augmentée. Pour les deux conditions, le transfert thermique de la vapeur vers l'eau de refroidissement est amélioré.

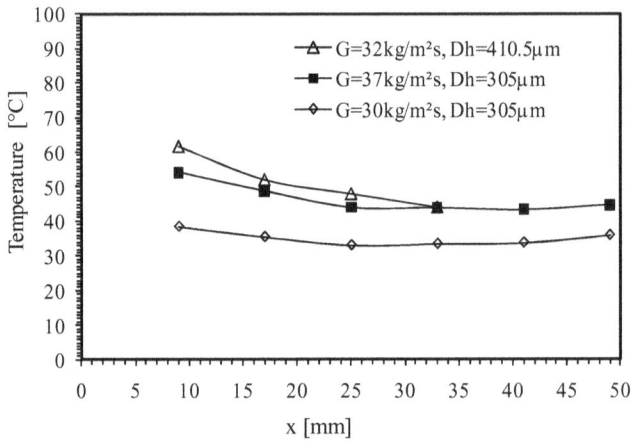

Figure IV.27: Comparaison des températures de surface : effet du diamètre hydraulique.

IV.2.5. Evolution du coefficient d'échange thermique moyen

Dans le but de confirmer la dépendance des coefficients d'échange thermique moyens en fonction de la structure de l'écoulement, la figure IV.28 présente le coefficient d'échange thermique moyen en fonction de la vitesse massique. Cette figure confirme que le coefficient d'échange thermique moyen est meilleur pour la condensation à microgouttelettes et qu'il diminue en passant de la structure condensation à microgouttelettes vers la condensation en film. Le coefficient d'échange thermique moyen est minimal dans le cas de la condensation à bouchons et ceci pour les mêmes raisons énumérées précédemment.

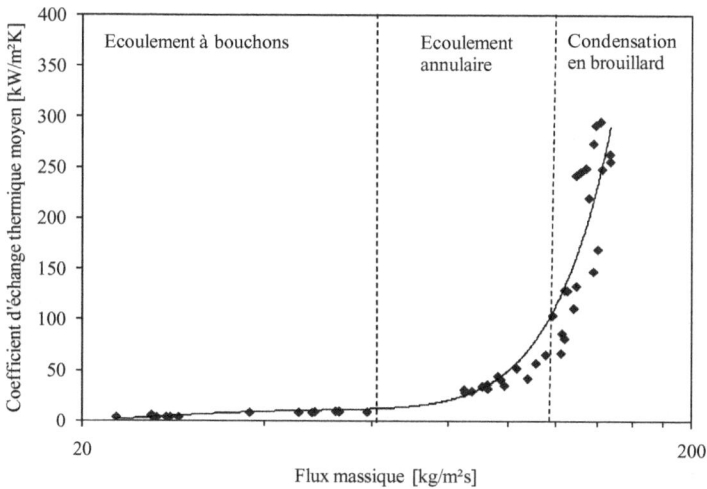

Figure IV.28: Coefficients d'échange thermique moyens.

IV.2.6. Influence de la structuration de la surface

Dans le but de mettre en évidence l'effet de la structuration de la surface sur les performances énergétique du microcondenseur, nous nous sommes basés sur la vitesse massique de la vapeur à l'entrée du micro-canal. En effet, pour une vitesse masique totale de 197kg/m²s, l'écoulement obtenu pour un micro-canal microstructuré est annulaire et à bulles comme le montre la figure IV.29. Dans le cas du micro-canal lisse, la condensation à microgouttelettes est obtenue pour cette même vitesse massique. La figure IV.30 montre une image vidéo de l'écoulement en condensation obtenu pour le cas du micro-canal lisse avec une vitesse masique totale de 174 kg/m²s.

Figure IV.29. Ecoulement annulaire : micro-canal microstructuré

Figure IV.30. Condensation à microgouttelettes : micro-canal lisse.

De même, nous avons enregistré les températures de la paroi du micro-canal structuré. La figure IV.31 montre les réponses de ces microthermocouples (20μm de taille) qui ont été collés sur la surface inférieure du micro-canal en silicium. La température de la vapeur à l'entrée du micro-canal est de 118°C. L'évolution des températures au cours du temps montre le caractère développé de l'écoulement. La température diminue en s'éloignant de l'entrée du micro-canal.

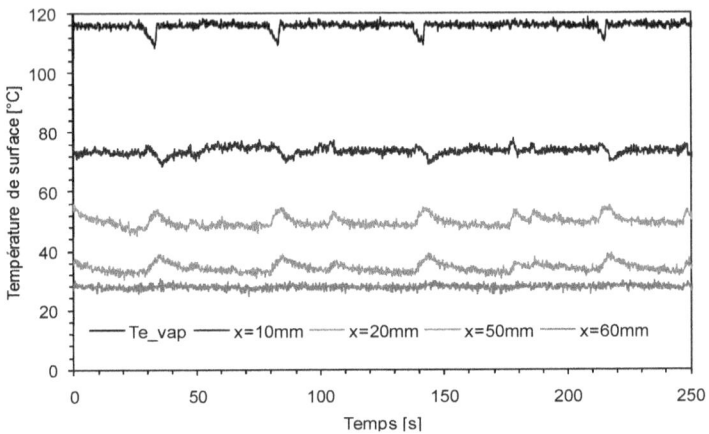

Figure IV.31. Condensation en micro-canal structuré.

La figure IV.32 compare les températures de surface de chaque micro-canal. Sachant que dans les deux cas le débit massique de l'eau de refroidissement est de 39kg/h et sa température d'entrée est fixée à 5°C. On montre que les températures de surface mesurées pour un canal lisse sont plus importantes que pour un canal microstructuré. Ceci est due au fait que dans le canal lisse, l'écoulement est formé par des microgouttelettes d'eau formées par condensation (condensation à microgouttelettes). Par conséquent, une grande part de la surface d'échange est en contacte direct avec la vapeur et ceci contribue à une température de paroi très chaude. Dans le cas du micro-canal microstructuré, le taux de condensation de la vapeur est plus important. L'écoulement est annulaire avec formation d'un film liquide couvrant une majore partie de la surface d'échange et contribuant à réduire la température de la paroi.

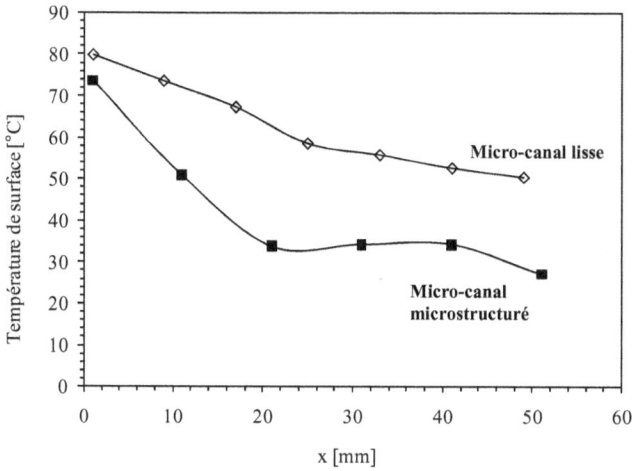

Figure IV.32. Températures axiales de surface.

IV.3. Conclusions

Dans ce chapitre, on montre que les mesures de températures locales, tout au long du micro-canal, ont permis d'analyser les profils des températures de surface dans le micro-canal. La synchronisation de ces mesures avec des mesures d'images vidéo ont permis de mieux comprendre la distribution de la température de surface suivant les structures des écoulements en condensation. Des analyses des transferts thermiques locaux ont été étudiées pour des écoulements instationnaires et pour des écoulements développés. Nous avons montré que les écoulements instationnaires sont périodiques. Durant chaque période, l'écoulement en condensation dans le micro-canal change de structure et la variation de la température pour chaque période est reliée à la structure de l'écoulement en condensation dans le micro-canal. La densité du flux thermique local dépend non seulement de la vitesse massique et du taux de condensation mais également de la structure de l'écoulement en condensation. Nous avons aussi montré que pour chaque structure de l'écoulement, le transfert thermique augmente avec le titre de la vapeur à cause de la faible résistance thermique liée à l'épaisseur du film de condensat. Dans le cas des écoulements annulaires et à bulles, pour chaque vitesse massique testée, le coefficient d'échange thermique local reste plus important à proximité de l'entrée du micro-canal que proche de la sortie du micro-canal. Nous avons aussi étudié, lors des écoulements développés, les influences de différents paramètres sur les températures locales et les coefficients d'échange thermique locaux et moyens. On montre qu'en régime stationnaire, la température de surface est maximale et aussi uniforme dans la zone où la vapeur traverse les microthermocouples entourées d'un microfilm liquide. On remarque que contrairement à l'écoulement annulaire, la distribution de la température de surface pour l'écoulement à bouchons a une large variation entre l'entrée et la sortie du micro-canal. On observe que les températures de surface sont stables pour le cas de la condensation à microgouttelettes et pour celui de la condensation annulaire alors que pour la condensation à bulles et bouchons liquides, les profiles de température présentent quelques fluctuations. De plus, la densité de flux est sensiblement uniforme pour la condensation à microgouttelettes et pour celle à bouchons liquides. Dans les écoulements à bouchons, la taille des bulles formées est plus importante, l'écart entre les températures est maximal et la température de surface est plus faible pour une vitesse masique plus faible. Nous avons constaté que le coefficient d'échange thermique moyen est meilleur pour la condensation à microgouttelettes et qu'il diminue en passant de la structure condensation à microgouttelettes vers la condensation en film. Dans le cas de la condensation à bouchons, le coefficient d'échange thermique moyen est minimal. En étudiant une originalité en condensation, nous avons montré que les températures de surface mesurées pour un canal lisse sont plus importantes que pour un canal micro-structuré et que le taux de condensation de la vapeur est plus important dans le cas du micro-canal micro-structuré.

CONCLUSION GENERALE

CONCLUSION GENERALE

Depuis l'analyse de Nusselt en 1916, des nombreuses études expérimentales et théoriques se sont succédé sur la condensation. Cependant, l'étude de la condensation reste un problème difficile à maîtriser jusqu'à présent car plusieurs phénomènes physiques complexes y interviennent. Le travail mené dans le cadre de cette représente une petite contribution aux différents travaux menés jusqu'à présent sur la condensation.

Le premier chapitre conserve l'état de la question et montre la limitation des analyses expérimentales et théoriques effectués dans le domaine de la condensation en micro-canaux et mini-canaux. L'étude bibliographique montre que, les travaux de recherche ont été menés soit en diphasique-adiabatique ou en diphasique avec changement de phase dans plusieurs micro-canaux en parallèle en sachant que la détermination du débit massique dans chaque micro-canal reste un paramètre inconnu (très difficile à mesurer). Les différentes études présentés montrent que la structure de l'écoulement diphasique, les régimes d'écoulement et les lois de transfert, sont modifiés quand le diamètre hydraulique des canaux est réduit, et que les écoulements dans des micro-canaux différent de ceux dans des macro-canaux. Très peu d'auteurs se sont préoccupés à la fois de l'aspect hydrodynamique de l'écoulement et du transfert thermique dans un seul micro-canal. L'aspect micro-instrumentation des micro-canaux en vu de mesurer les densités de flux thermiques et les coefficients d'échange thermique locaux est totalement absent dans la littérature.

Un des objectifs de ce travail était d'élaborer un dispositif expérimental flexible et fiable. La contrainte principale qui a guidé sa conception était le fait qu'il puisse permettre une analyse thermique et hydrodynamique de l'écoulement. Pour minimiser les pertes thermiques, nous avons isolé toute la section d'essais excepté la surface d'échange. La technique de microfabrication nous a permit de concevoir différents micro-canaux sur silicium et de les rendre étanches en les soudant à du verre-pyrex. Les micro-rainures réalisés perpendiculairement au micro-canal, et à seulement quelques micromètres loin du micro-canal, ont permis de loger des microthermocouples afin de mesurer les profils de températures de surface. Le flux massique total de condensation est déterminé par pesée ; ceci vu la fiabilité de ce moyen de mesures des débits. Les différentes possibilités de réglage des vannes à l'entrée du micro-canal que le dispositif offre ont permis d'étudier l'influence du flux massique sur les régimes et structures d'écoulement ainsi que sur le transfert thermique.

Quant à l'étude des influences du nombre de Reynolds, du diamètre hydraulique et de la structure de surface, elles ont été rendues possibles par l'interchangeabilité du micro-canal de diamètre différent ou de surfaces lisses ou nanostructurées. Les systèmes de régulations du débit d'eau de refroidissement, de la température, du flux massique total de vapeur et du flux thermique imposé au micro-canal ont permis l'étude du transfert thermique dans les conditions rigoureusement constantes. Le système optique, doté d'une caméra rapide et d'un système d'éclairage, qui équipe notre dispositif expérimental a permis de visualiser les différentes structures d'écoulements. Plusieurs structures d'écoulement ont été identifiées et deux structures d'écoulement les plus présentes en condensation dans un micro-canal ont été étudiées. Ces deux structures d'écoulement sont l'écoulement annulaire à microgouttelettes et à bulles et à bouchons liquides et l'écoulement à bulles allongées et à bouchons liquides. Ensuite, par traitement d'images vidéo, nous avons caractérisé les écoulements identifiés par leurs tailles, parcours, forme du ménisque, vitesses, fréquence des bulles, etc.

Les études que nous avons menées sur les écoulements à bulles vapeur et à bouchons liquides et les écoulements annulaires avec éjections de bulles ont incité une analyse hydrodynamique de l'écoulement. En écoulement à bulles vapeurs et à bouchons liquides, la méthode de détermination des vitesses des bulles de vapeur et des bouchons liquides ainsi que de leurs fréquences d'apparition a montré que la fréquence d'apparition est inversement proportionnelle à la taille des bulles et des bouchons. L'influence de la réduction du diamètre du micro-canal sur la vitesse de parcours des bulles agit sur l'augmentation du taux de condensation et contribue à l'intensification des transferts. L'étude de l'influence de la puissance de refroidissement du micro-canal sur la vitesse de parcours des bulles dans le micro-canal montre que l'amortissement des bulles augmente en augmentant la puissance de refroidissement et que cet effet provoque la réduction du nombre de bulles produites. En mesurant la vitesse de déplacement des bulles avant et après leur coalescence, on montre que la vitesse de la bulle formée après coalescence est brusquement augmentée. En écoulement annulaire avec éjection de bulles, les diamètres équivalents des bulles traversant le micro-canal diminuent à partir de leur éjection à cause de la condensation de la vapeur à l'interface des bulles et atteignent toutes le même diamètre en s'approchant de la sortie du micro-canal. La présence de petites bulles dans le micro-canal à l'instant de l'éjection d'une bulle n'a aucun effet sur le diamètre de départ de la bulle. L'influence de la réduction du flux massique total à l'entrée sur la structure d'écoulement, entraîne une diminution de la vitesse des bulles dans le micro-canal et de la taille du bouchon liquide entre deux bulles voisines. L'augmentation du flux massique d'entrée, accroît l'espace occupé par l'écoulement annulaire dans le micro-canal à cause de la vitesse de la vapeur à l'entrée du micro-canal, de la vitesse des bulles éjectées et de la durée du cycle de l'écoulement. Les évolutions de l'épaisseur de condensat au dessus et en dessous de l'écoulement vapeur pour différentes phases du cycle sont analysées. L'influence de la microstructuration de surface sur la structure d'écoulement, lors de la condensation dans un micro-canal, est dévoilée et de nouveaux phénomènes physiques montrent une amélioration de l'intensification thermique.

L'originalité de notre étude réside sur la caractérisation du transfert thermique local lors de la condensation dans un micro-canal grâce aux microthermocouples mesurant les profils de température pour chaque régime d'écoulement. La synchronisation des mesures des températures locales avec les images vidéo enregistrées ont permis de mieux comprendre et de définir le lien reliant la température de surface et la structure de l'écoulement. Des analyses des transferts thermiques locaux ont été étudiées pour des écoulements instationnaires et pour des écoulements développés. Les écoulements instationnaires et cycliques changent de structure durant chaque période. La variation de la température pour chaque période est reliée à la structure de l'écoulement en condensation dans le micro-canal. La densité du flux thermique local dépend non seulement du flux massique et du taux de condensation mais également de la structure de l'écoulement en condensation. Dans le cas des écoulements annulaires et à bulles, pour chaque flux massique testé, le coefficient d'échange thermique local reste plus important à proximité de l'entrée du micro-canal que proche de la sortie du micro-canal. En régime stationnaire, la température de surface est maximale et aussi uniforme dans la zone où la vapeur traverse les microthermocouples entourées d'un microfilm liquide. Contrairement à l'écoulement annulaire, la distribution de la température de surface pour l'écoulement à bouchons a une large variation entre l'entrée et la sortie du micro-canal. Le coefficient d'échange thermique moyen est meilleur pour la condensation à microgouttelettes et il diminue en passant de la structure condensation à microgouttelettes vers la condensation en film. Dans le cas de la condensation à bouchons, le coefficient d'échange thermique moyen est minimal. Nous avons montré l'influence des microstructures sur les températures de surface mesurées. La microstructuration de la surface augmente le taux de condensation de la vapeur.

Notre étude a été menée en pressions et flux massiques totaux relativement bas à l'entrée du microcanal. La pression a toujours été inférieure à 3bars relatifs car la soudure anodique entre le silicium et le verre-pyrex peut supporter une pression maximale de 4 bars. Il sera donc intéressant de trouver un dispositif supportant des pressions supérieures à 4 bars afin d'élargir les mesures en condensation dans un microcanal, surtout quand le diamètre hydraulique est inférieur à 100 µm afin de pouvoir compenser les chutes de pression dû au pincement. L'étude de la forme et de la taille des micro/nanostructures dans le micro-canal a débuté vers le fin de ce travail de thèse et n'a pas pu prendre sa fin à cause des contraintes de temps pour finaliser la thèse comme prévu. Il sera donc intéressant que des recherches soient effectuées sur ce sujet car cette méthode d'intensification des transferts constitue également une voie de recherche intéressante. La réalisation de microthermocouples de très petites tailles, puis leur étalonnage et leur insertion, ont permis de mesurer les températures de surface tout au long du micro-canal afin de pouvoir ensuite, analyser les coefficients d'échange thermique locaux et moyens pour différentes structures d'écoulements. L'utilisation d'une caméra oculaire infrarouge pourra apporter un plus pour la comparaison entre les températures mesurées et celles obtenues par thermographie infrarouge.

REFERENCES BIBLIOGRAPHIQUES

REFERENCES BIBLIOGRAPHIQUES

A

- Agarwal A., and Garimella S. (2006), "Modeling of Pressure Drop During Condensation in Circular and Non-Circular Microchannels," Proceedings of the IMECE 2006: International Mechanical Engineering Congress and Exposition, Chicago, Illinois, pp. IMECE2006-14672.

- Agostini B., Bontemps A., Vertical flow boiling of refrigerant R-134a in small channels, Int. J. Heat Fluid Flow 26 (2005) 296–306.

- Allen J.S., Son S.Y., & Kihm D.K., 2003 Characterization and control of two phase flow in michrochannels : PEM Fuel Cell channels and manifolds, Research for design report, 1-29.

B

- Baird J.R., Fletcher D.F., Haynes B.S., Local condensation heat transfer rates in fine passages, Int. J. of Heat and Mass Transfer, 46 (2003) 4453-4466.

- Bandhauer T. M., Agarwal A. and Garimella S. (2006), "Measurement and Modeling of Condensation Heat Transfer Coefficients in Circular Microchannels," Journal of Heat Transfer, Transactions of ASME Vol. 128(October) pp. 1050-1059.

- Baonga J.B., Odaymet A., Louahlia-Gualous H., Analyse hydrodynamique et thermique des refroidisseurs à jet impactant. Congrès SFT 2007 (Société Française de Thermique) à l'Ile des Embiez, TOME 1, pp. 373 - 378, oral presentation.

- Barnea D., Luninski Y. and Taitel Y. (1983), "Flow Pattern in Horizontal and Vertical Two Phase Flow in Small Diameter Tubes," Canadian Journal of Chemical Engineering Vol. 61(5) pp. 617-620.

- Begg E., Khrustalev D., Faghri A., Complete condensation of forced convection two-phase flow in a miniature tube. J. of Heat Transfer, ASME. 123 (1999) 904-915.

- Blevins R.D., Applied Fluid Dynamics Handbook, Krieger Pub. Co., (1992) 77-78.

C

- Cavallini A., Censi G., Del Col D., Doretti L., Longo GA, Rosseto L, Experimental investigation on condensation heat transfer and pressure drop of new HFC refrigerants (R134a, R125, R32, R410A, R236ea) in a horizontal smooth tube. Int. J Refrigeration, 24 (2001), 73-87.

- Cavallini A., Censi G., Del Col D., Doretti L., Longo GA, Rosseto L., Zelio C., Condensation heat transfer and pressure drop inside channels for AC/HP application. 12th Int. Heat Transfer Conf., pp. 691-698, Grenoble, France, 2003.

- Chen Y.P., Cheng P., Condensation of steam in silicon microchannels, Int. Commun. Heat and Mass Transfer 32 (2005).

- Cheng P., Wu H.Y., Mesoscale and microscale phase-change heat transfer, Adv. Heat Transfer 39 (2006) 469–573.

- Cheng P., Wu H.Y., Hong F.J., Phase-change heat transfer in Microsystems. Journal of Heat Transfer, ASME, 29 (2007) 101-108.

- Coleman J.W., and Garimella S. (1999), "Characterization of Two-Phase Flow Patterns in Small Diameter Round and Rectangular Tubes", International Journal of Heat and Mass Transfer Vol. 42(15) pp. 2869-2881.

- Coleman J.W., and Garimella S. (2000a), "Two-Phase Flow Regime Transitions in Microchannel Tubes: The Effect of Hydraulic Diameter," ASME Heat Transfer Division - 2000, Orlando, FL, American Society of Mechanical Engineers, pp. 71-83.

- Coleman J.W., and Garimella S. (2000b), "Visualization of Two-Phase Refrigerant Flow During Phase Change," Proceedings of the 34th National Heat Transfer Conference, Pittsburgh, PA, ASME

- Coleman J.W., and Garimella S. (2003), "Two-Phase Flow Regimes in Round, Square and Rectangular Tubes During Condensation of Refrigerant R134a," International Journal of Refrigeration Vol. 26(1) pp. 117-128.

- Collier J.G., Thome J.R., 1994. Convective boiling and condensation, 3rd Edition. Oxford University Press.

- Cornewell K. and Kew P.A., 1993. Boiling in small parallel channels, Energy Efficiency in Process Technology, ed. Elsevier, N.Y., 624-640.

D

- Damianides C.A., and Westwater J.W., (1988), "Two-Phase Flow Patterns in a Compact Heat Exchanger and in Small Tubes," Second UK National Conference on Heat Transfer (2 vols), Sep 14-16 1988, Glasgow, Scotl, Publ by ERROR: no PUB record found for PX 5340 CN nonpie IG 40152, p. 1257.

- Du X.Z., Wang B.X., Study on transport phenomena for flow film condensation in vertical mini-tube with interfacial waves. Int. J. Heat and Mass Transfer 46 (2003) 2095-2101.

- Dupont V., Thome J.R., Jacobi A.M., 2004. Heat transfer model for evaporation in microchannels. Part 2: comparison with the database. Int. J. Heat Mass Transfer 47, 3387–3401.

E

- El Hajal J., Thome J.R. and Cavallini A. (2003), "Condensation in Horizontal Tubes, Part 1: Two-Phase Flow Pattern Map," International Journal of Heat and Mass Transfer Vol. 46(18) pp. 3349-3363.

F

- Feng Z., and Serizawa A. (1999), "Visualization of Two-Phase Flow Patterns in an Ultra-Small Tube," Proceedings of the 18th Multiphase Flow Symposium of Japan, Suita, Osaka, Japan, pp. 33-36.

- Feng Z. and Serizawa A. (2000) Two-phase flow patterns in an ultra small channels, In: Second Japanese European Two-phase flow group Meeting, Tsukuba, Japan.

- Fukano T., and Kariyasaki A., (1993), "Characteristics of Gas-Liquid Two-Phase Flow in a Capillary Tube," Japan/USA Seminar on Two-Phase Flow Dynamics, 5-11 July 1992 Nuclear Engineering and Design, Berkley, CA, USA, pp. 59-68.

- Fukano T., Kariyasaki A., and Masazumi K., (1989), "Flow Patterns and Pressure-Drop in Isothermal Gas-Liquid Concurrent Flow in a Horizontal Capillary Tube," Proceedings of 1989 ANS National Heat Transfer Conference, Philadelphia, Pennsylvania, pp. 153-161.

G

- Garimella S., Condensation flow mechanisms in microchannels: basis for pressure drop and heat transfer models, in: Proc. of the First International Conference on Microchannels and Minichannels, Rochester, New York, USA, April 21–23, 2003, pp.181–192.

- Garimella S., (2004), "Condensation Flow Mechanisms in Microchannels: Basis for Pressure Drop and Heat Transfer Models," Heat Transfer Engineering Vol. 25(3) pp. 104-116.

- Garimella S., Agarwal A. and Killion J. D. (2005), "Condensation Pressure Drop in Circular Microchannels," Heat Transfer Engineering Vol. 26(3) pp. 1-8.

- Garimella S., and Bandhauer T. M. (2001), "Measurement of Condensation Heat Transfer Coefficients in Microchannel Tubes," 2001 ASME International Mechanical Engineering Congress and Exposition, New York, NY, United States, American Society of Mechanical Engineers, pp. 243-249.

H

- Hu S., Christopher Y.H. Chao, An experimental study of the fluid flow and heat transfer characteristics in micro-condensers with slug-bubbly flow, International Journal of Refrigeration 30 (2007) 1309-1318.

K

- Kandlikar S.G., Grande W.J., Evolution of microchannel flow passages – Thermohydraulic performance and fabrication technology, Proce. IMECE (2002) 1–13.

- Kandlikar S., Garimella S., Li D., Colin S. and King M. R. (2005). Heat Transfer and Fluid Flow in Minichannels and Microchannels. 1st Ed., Elsevier Science.

- Kawahara A., Chung P.M.Y., Kawaji M., 2002. Investigation of flow pattern, void fraction and pressure drop in a microchannel. Int. J. Multiphase Flow 28, 1411–1435.

- Kawahara A., Sadatomi M., Okayama K., Kawaji M., Chung P.M.Y., 2005. Effects of channel diameter and liquid properties on void fraction in adiabatic two-phase flow through microchannels. Heat Transfer Eng. 26 (3), 13–19.

- Kim M.H., Shin J.S., Huh C., Kim T.J., Seo K.W., A study of condensation heat transfer in a single mini-tube and a review of korean micro and mini channel studies. Proc. of the First International Conference on Microchannels and Minichannels, Rochester, New York, USA, 2003, pp. 47-58.

- Koyama Sh., Kuwahara K., Nakashita K., Condensation of refrigerant in a multi-port channel, Proc. of the First International Conference on Microchannels and Minichannels, Rochester, New York, USA, 2003.

L

- Liepmann D., (2001) "Design and Fabrication of a micro-CPL for Chip-Level Cooling," Proceedings of 2001 ASME International Mechanical Engineering Congress and Exposition November 11-16, 2001, New York, NY.
- Lockhart R.C., Martinelli R.W., Proposed correlation of data for isothermal two-phase, two component flow in pipes, Chem. Eng. Prog. 45, (1949) 39-48.
- Louahlia-Gualous H., Mecheri. B. Unsteady steam condensation flow patterns inside a miniature tube. Applied Thermal Engineering 27, 1225–1235, 2007.
- Louahlia-Gualous H., Odaymet A., Mecheri B., Asbik M., Régime d'écoulement diphasique dans un micro-canal. Actes du Congrès de Mécanique, Vol.2, pp. 111 – 113 El Jadida (Maroc), 2007.
- Louahlia-Gualous H. and Asbik M., Numerical modeling of annular film condensation inside a miniature tube, Numerical Heat Transfer Part A: Applications, 52 (3) (2007) 251-273.

M

- Matkovic M., Cavallini A., Del Col D., Rossetto L., Experimental study on condensation heat transfer inside a single circular minichannel, International Journal of Heat and Mass Transfer 52 (2009) 2311-2323
- Mederic B., Miscevic M., Platel V., Lavieille P., Joly J.L., Complete convective condensation inside small diameter horizontal tubes, in: Proc. of the First International Conference on Microchannels and Minichannels, Rochester, New York, USA, April 21–23, 2003, pp.707–712.
- Mederic B., Miscevic M., Platel V., Lavieille P., Joly J.L., Experimental study of flow characteristics during condensation in narrow channels: the influence of the diameter channel on structure patterns, Superlattices Microstruct. 36 (2004) 573–586.
- Mederic B., Lavieille P., Miscevic M., Void fraction invariance properties of condensation flow inside a capillary glass tube, Int. J. Multiphase Flow 31 (2005) 1049–1058.

- Mehendale SS, Jacobi AM, Ahah RK. Fluid flow and heat transfer at micro- and meso-scales with application to heat exchanger design. Appl Mech Rev 2000;53:175–93.

- Micheri B., Odaymet A., H. Louahlia-Gualous, M. De Labachelerie, Condensation, microcanaux et pile à combustible. Congrès CFM 2007 (Congrès Français de Mécanique) à Grenoble. Oral presentation.

- Mishima K., Hibiki T., Some characteristics of air–water flow in small diameter vertical tubes, Int. J. Multiphase Flow 22 (1996) 703–712.

- Murase T., Wang H.S., Rose J.W., Marangoni condensation of steam–ethanol mixtures on a horizontal tube, International Journal of Heat and Mass Transfer 50 (2007) 3774–3779.

O

- Odaymet A., Louahlia-Gualous H., Echangeurs : Transfert d'écoulement avec changement de phase WORKSHOP FROID ET CLIMATISATION DURABLE à Lyon 2006, organisé par CETIAT (Centre Technique des Industries Aérauliques et Thermique). Oral presentation.

- Odaymet A., Micheri B., Louahlia-Gualous H., El Khatib H., Condensation de vapeur d'eau dans un microcanal. Applications: pile à combustible et refroidisseurs miniatures. Congrès SFT 2007 (Société Française de Thermique) à l'Ile des Embiez, TOME 1, pp. 83 - 88, oral presentation.

- Odaymet A., Louahlia-Gualous H., Baonga J.B., De Labachelerie M., Inverse analysis of local heat transfer in transient state in a liquid micro-layer. 18ème Congrès CFM 2007 (Congrès Français de Mécanique) à Grenoble. Oral presentation.

- Odaymet A., Louahlia-Gualous H., Etude d'un échangeur diphasique à micro-canaux. Atelier LEA-microtechnique (Laboratoire Européenne Associé en microtechnique) Arc-et-Senans 2008. Oral presentation.

- Odaymet A. K., Louahlia-Gualous H., Petrini V., Jeannot J.C., De Labachelerie M., Identification des régimes d'écoulements lors de la condensation en microcanal. 9ème Congrès de mécanique à Marrakech 2009. Oral presentation.

- Odaymet A. K., Louahlia-Gualous H., De Labachelerie M., Etude d'un écoulement cyclique à bouchon lors de la condensation dans un microcanal. 19ème Congrès Français de Mécanique (CFM) 2009 à Marseille. Oral presentation.

- Odaymet A. K., Etudes sur la condensation de la vapeur d'eau dans un microcanal en silicum. Journée SFT : Séminaire « Changement de phase » le 26 Janvier 2010, CEA-Grenoble. Oral presentation.

- Odaymet A. K., Louahlia-Gualous H., Petrini V. Etude des coefficients d'échanges thermiques locaux lors de la condensation de la vapeur d'eau dans un microcanal en silicium. Congrès SFT 2010 à Le Touquet. Oral présentation.

- Odaymet A. K., Louahlia-Gualous H., Local heat transfer for condensation in single silicon microchannel. International Heat Transfer Conference IHTC14, 2010 – ASME, Washington-DC.

Q

- Quan X, Cheng P, Wu H, An experimental investigation on pressure drop of steam condensing in silicon microchannels, International Journal of Heat and Mass Transfer 51 (2008) 5454–5458.

- Quan X.J., Cheng P., Wu H.Y., Transition from annular flow to plug/slug flow in condensation of steam in microchannels, Int. J. Heat Mass Transfer 51 (2008) 707–716.

- Quibén J.M., Cheng L., Da Silva Lima R.J., Thome J.R., Flow boiling in horizontal flattened tubes:Part I Two phase frictional pressure drop results and model, Int. J. of Heat and Mass Transfer, 52 (2009) 3634-3644.

R

- Revellin R., Dupont V., Ursenbacher T., Thome J.R., Zun I., Characterization of diabatic two-phase flows in microchannels: Flow parameter results for R-134a in a 0.5 mm channel, Int. J. Multiphase Flow, 32, 755–774, 2006.

- Revellin R., Thome J.R., Adiabatic two-phase frictional pressure drops in microchannels, Experimental Thermal and Fluid Science, 31, 673–685, 2007.

- Rouhani Z., Axelsson E., Calculation of volume void fraction in a subcooled and quality region, Int. J. Heat Transfer, 17 (1970) 383-393.

S

- Serizawa A., Takahashi O., Zawara Z., Komeyama T., Michiyoshi I., 1990. Heat transfer augmentation by the two-phase bubbly flow impinging jet with a confining wall. In: International Heat transfer Conference, pp. 93–98.

- Serizawa A., Feng Z.P, 2001. Two-phase flow in microchannels. In: ICMF. New Orleans, USA, keynote lecture.

- Serizawa A., Feng Z. and Kawara Z. (2002), "Two-Phase Flow in Microchannels," Experimental Thermal and Fluid Science Vol. 26(6-7) pp. 703-714.

- Serizawa A., and Feng Z. (2004). Two-Phase Fluid Flow. Heat Transfer and Fluid Flow in Microchannels. G. P. Celata. New York, NY, Begell House, Vol. 1 pp. 91-117.

- Shin J.S., Kim M.H., An experimental study of condensation heat transfer inside a mini-channel with a new measurement technique, Int. J. Multiphase Flow 30 (2004) 311–325.

- Suo M, Griffith P. Two-phase flow in capillary tubes. J Basic Eng 1964;86:576–82.

T

- Thome J.R., El Hajal J. and Cavallini A. (2003), "Condensation in Horizontal Tubes, Part 2: New Heat Transfer Model Based on Flow Regimes," International Journal of Heat and Mass Transfer Vol. 46(18) pp. 3365-3387.

- Thome J.R., Dupont V., Jacobi A.M., 2004. Heat transfer model for evaporation in microchannels. Part 1: presentation of the model. Int. J. Heat Mass Transfer 47, 3375–3385.

- Triplett K. A., Ghiaasiaan S. M., Abdel-Khalik S. I., LeMouel A. and McCord B. N. (1999a), "Gas-Liquid Two-Phase Flow in Microchannels. Part 2: Void Fraction and Pressure Drop," International Journal of Multiphase Flow Vol. 25(3) pp.395-410.

- Triplett K. A., Ghiaasiaan S. M., Abdel-Khalik S. I. and Sadowski D. L. (1999b), "Gas-Liquid Two-Phase Flow in Microchannels. Part 1: Two-Phase Flow Patterns," International Journal of Multiphase Flow Vol. 25(3) pp. 377-394.

- Triplett K.A., Ghiaasiaan S.M., Abdel-Kahlil S.I., Sadowski D.L., Gas-liquid two-phase flow in microchannels Part I: two-phase flow patterns, Int. J. of Multiphase Flow 25 (1999) 377-394.

W

- Wu H.Y., Cheng P., Friction factors in smooth trapezoidal silicon microchannels with different aspect ratios, Int. J. Heat Mass Transfer 46 (2003) 2519–2525.

- Wu H.Y., Cheng P., Visualization and measurements of periodic boiling in silicon microchannels, Int. J. Heat and Mass Transfer 46 (2003) 2603–2614.

- Wu H.Y., Cheng P., Liquid/two-phase/vapor alternating flow during boiling in microchannels at high heat flux, Int. Commun. Heat and Mass Transfer 30 (3) (2003) 295–302.

- Wu H.Y., Cheng P., Boiling instability in parallel silicon microchannels at different heat flux, Int. J. Heat and Mass Transfer 47 (2004) 3631–3641.

- Wu H.Y., Cheng P., Condensation flow patterns in silicon microchannels, International Journal of Heat and Mass Transfer 48 (2005)

Z

- Zhang K., Cui Z., Field R.W., Effect of bubble size and frequency on mass transfer in flat sheet MBR, Journal of Membrane Science 332 (2009) 30–37.

- Zhang M., Webb R.L., Correlation of two-phase friction for refrigerants in small-diameter tubes, Exp. Therm. Fluid Sci. 25 (2001) 131–139.

- Zhang W., Xu J., Liu G., Multi-channel effect of condensation flow in micro-triple-channel condenser, Int. Journal of Multiphase Flow 34 (2008) 1175-1184.

- Zhang W., Xu J.L., Thome J.R., Periodic bubble emission and appearance of an ordered bubble sequence(train) during condensation in a single microchannel. Int. J. Heat Mass Transf. 51 (2008) 3420–3433.

- Zhang Y., Faghri A., Shafii M.B., Capillary blocking in forced convection condensation in horizontal minature channels, J. of Heat Transfer, Trans. ASME 123 (2001) 501-511.